大家小书

中国古代心理学思想

潘菽 著

北京出版集团公司
北京出版社

图书在版编目（CIP）数据

中国古代心理学思想 / 潘菽著. — 北京 ：北京出版社，2018.5（2024.8重印）
（大家小书）
ISBN 978-7-200-13887-0

Ⅰ.①中… Ⅱ.①潘… Ⅲ.①心理学—研究—中国—古代 Ⅳ.①B84-092

中国版本图书馆CIP数据核字(2018)第025978号

总策划：安 东 高立志　　　　责任编辑：高立志

·大家小书·
中国古代心理学思想
ZHONGGUO GUDAI XINLIXUE SIXIANG
潘 菽 著
*
北京出版集团公司
北京出版社 出版
（北京北三环中路6号 邮政编码：100120）
网 址：www.bph.com.cn
北京出版集团公司总发行
新华书店经销
北京华联印刷有限公司印刷
*
880毫米×1230毫米 32开本 9.875印张 150千字
2018年5月第1版 2024年8月第4次印刷

ISBN 978-7-200-13887-0
定价：59.00元
如有印装质量问题，由本社负责调换
质量监督电话：010-58572393

序　　言

袁行霈

“大家小书”，是一个很俏皮的名称。此所谓“大家”，包括两方面的含义：一、书的作者是大家；二、书是写给大家看的，是大家的读物。所谓“小书”者，只是就其篇幅而言，篇幅显得小一些罢了。若论学术性则不但不轻，有些倒是相当重。其实，篇幅大小也是相对的，一部书十万字，在今天的印刷条件下，似乎算小书，若在老子、孔子的时代，又何尝就小呢？

编辑这套丛书，有一个用意就是节省读者的时间，让读者在较短的时间内获得较多的知识。在信息爆炸的时代，人们要学的东西太多了。补习，遂成为经常的需要。如果不善于补习，东抓一把，西抓一把，今天补这，明天补那，效果未必很好。如果把读书当成吃补药，还会失去读书时应有的那份从容和快乐。这套丛书每本的篇幅都小，读者即使细细地阅读慢慢地体味，也花不了多少时间，可以充分享受读书的乐趣。如果把它们当成补药来吃也行，剂量小，吃起来方便，消化起来也容易。

我们还有一个用意，就是想做一点文化积累的工作。把那些经过时间考验的、读者认同的著作，搜集到一起印刷出版，使之不至于泯没。有些书曾经畅销一时，但现在已经不容易得到；有些书当时或许没有引起很多人注意，但时间证明它们价值不菲。这两类书都需要挖掘出来，让它们重现光芒。科技类的图书偏重实用，一过时就不会有太多读者了，除了研究科技史的人还要用到之外。人文科学则不然，有许多书是常读常新的。然而，这套丛书也不都是旧书的重版，我们也想请一些著名的学者新写一些学术性和普及性兼备的小书，以满足读者日益增长的需求。

“大家小书”的开本不大，读者可以揣进衣兜里，随时随地掏出来读上几页。在路边等人的时候，在排队买戏票的时候，在车上、在公园里，都可以读。这样的读者多了，会为社会增添一些文化的色彩和学习的气氛，岂不是一件好事吗？

“大家小书”出版在即，出版社同志命我撰序说明原委。既然这套丛书标示书之小，序言当然也应以短小为宜。该说的都说了，就此搁笔吧。

潘菽的中国古代心理学思想[①]

杨鑫辉

潘菽教授对中国心理学的贡献是多方面的，他和高觉敷教授一起带领一批心理学工作者创建了心理学史的新分支——中国心理学史。潘菽教授几次提到不能“数典忘祖”，不能只研究西方心理学史，一定要挖掘整理祖国心理学思想遗产，一定要研究中国心理学史。他非常感慨第一部《中国科技史》是由英国学者李约瑟写的这件事，第一部《中国心理学史》一定得由中国人自己来写。

潘老对研究心理学（包括研究中国心理学史）的指导思想问题极其重视，是把它视为首位的问题来对待的。所谓指导思想，潘老认为应从三个方面来看：一是世界观问题，即需要无产阶级的世界观；二是必须以马列主义、毛泽东思想为指导思

① 本文节选自《论潘菽教授对中国心理学史的贡献》，原载《心理学探新》1989年01期。

想，即以辩证唯物论和历史唯物论作指导；三是必须解决正确的方法论问题，包括哲学的方法论和一般科学的方法论。不同心理学分支研究的方法论不同，甚至研究中国心理学史的方法论和研究外国心理学史的方法论也不同。潘老认为上述三个方面实质上是一回事，他作了一个形象的比喻：“比作一株树，世界观是根本，辩证唯物论是躯干，方法论是树冠。有了怎样的世界观就有怎样的哲学观点。有了怎样的世界观和哲学观点就有怎样的方法论。世界观和哲学观点对我们起基本观点、基本原则的指导作用。方法论则除基本观点和基本原则之外还对一些比较具体的问题起指导作用。”

那么，研究中国心理学史的方法论方面比较具体的问题又是什么呢？潘菽教授认为主要有两个问题。

第一，要划清心理学与哲学的界限。尽管心理学是从哲学中分化独立出来，并且至今仍有非常密切的关系，但是近现代心理学毕竟已成为一门独立的实验科学，所以他说：“讲心理学史必须讲的是一种科学史而不是哲学史或别的什么史，并且所论述的必须是有关心理而又合乎科学或具有明显科学性的思想即心理学思想而不仅仅是有关心理的思想。”记得1982年初编选《中国古代心理学思想研究》一书时，在我们编选组提出的论文目录初稿上，他特别注明一定要是论述心理学思想的论文，不能只是谈到了心理思想的东西。这样才使中国古代心理学思想史区别于哲学史、教育史、伦理史等。

第二，要划清科学的心理学思想和非科学的心理学思想的界限。这是一个非常复杂而困难的问题。潘老认为我们挖掘、整理的应当是科学的心理学思想，而不应当是一大堆非科学的心理学思想，我们在研究中国古代心理学思想中要重视提炼工作。“提炼就是要提取出精华，避开糟粕。精华就是具有科学性的东西，符合唯物观点的东西。”他认为有一个较简单明了的区别办法，就是第一步可以先就一般已认为是唯物论或接近唯物论的思想家的心理学思想进行挖掘、整理、研究。如果，唯心论和唯物论还不去辨别清楚，那还能谈马克思主义的思想指导吗？那么，是不是就完全不应当研究唯心论思想家的心理学思想呢？不是。他曾在一次学术讨论会上指出：唯物论思想家的心理学思想是富矿，唯心论思想家的心理学思想是贫矿，都要挖掘。今后甚至对佛教心理学思想也可研究，不先否定。重要的在于坚持用辩证唯物论观点去研究与批判。

潘老对中国心理学史的研究是广泛的、多方面的。概括起来主要有三大方面：一是关于研究中国古代心理学思想的意义和方法论问题，二是按人头或专篇对中国古代思想家有关心理学思想的评述，三是从范畴的角度对中国古代心理学思想的主要理论的评论。

研究历史上一些有代表性的思想家的心理学思想，是整理、编著一部中国心理学史的最重要的基础工作。潘老很重视这项工作，从他所著的《心理学简札》来看，已研究了近二十个思想家的心理学思想。但是，只是对单个思想家的心理学思想进行研究是不够的。因为任何一门科学都有它自己特有的一系列范畴，并形成一套范畴体系。

潘老是重视中国心理学史的范畴研究的，认识到中国古代的心理学思想在自己特有的基本范畴基础上，形成了许多心理学思想理论。他曾明确指出："我国古代的科学心理学思想已表现出好几个很值得予以表明的如下的光辉特征：（1）人贵论；（2）形神论；（3）性习论；（4）知行论；（5）六情论；（6）唯物认识论。"后来在与高老合作发表的一篇论文中，将六情论改为情二端论，补充了天人论和节欲论。这样总共提出了八个基本范畴[①]。此外在别的文章中还提出过"心有方"的思想。所谓人贵论，认为"人为万物之灵"，人之可贵在于有智慧。在论到人的心理时将人与动物区别开来。所谓天人

① 具体后来怎么成为七范畴论，请参见正文第4页脚注①。

论，涉及天和人的关系。在心理学思想上说明人和大自然的关系。所谓形神论即心身论，说明心和身、心理和生理的关系。所谓性习论，指“习与性成”的理论，即习形成的时候，一种性也和它一起形成了。所谓知行论，着重说明知和行的关系，即意识与行为的问题。所谓情二端论，认为人的情主要有喜、怒、哀、乐、爱、恶六种，爱（好）、恶是更根本的，其他都是它们的变式，故称为情的两大端。所谓节欲论，认为人类的欲求是天然就有的，不能无欲或去欲，而只能节制在合理限度之内。

潘菽教授的上述观点，对于中国心理学史，特别是对于我国古代心理学思想的研究工作，具有重要的引路和指导作用。因为只有抓住了基本范畴这个纽结，才能较全面地了解和认识中国古代的心理学思想，并使之系统化、理论化。就当前我国心理学界对中国古代心理学思想的挖掘整理来说，对单个思想家的心理学思想的研究相对要多一些，而从范畴的角度进行综合的研究也还有大量工作要做。潘老在这方面的研究已经为我们开辟了道路。

目　录

第一章　总论

一、挖掘我国古代心理学思想这个丰富的矿床，首先要明确的两个问题①

我国古代的心理学思想是一个丰富的矿床。这个矿床过去几十年中（不必讲到更前）很少有人予以注意，更少有人企图去挖掘。这是由于我国心理学那时尚在幼稚阶段，无以自立也未想到要自立之故。到了近几年来，开始有较多的人注意到这个可贵的矿床并下决心去挖掘。这总是可喜的事。这个可贵的矿床是两三千年的文化发展的积累所致。内容很丰富，也很复杂，并显得有些庞杂。要把这样一个矿床挖掘出来并整理清楚，那是不容易的，要花很大的气力和较长的年月。现在就要对它作一个较全面的系统论述，那是不可能的，那是要等到对它作了较全面的详细考察研究之后。不过，现在根据对它所已有的片断了解作一个初步的大体的描述还是可以的。要对这个可贵的矿床取得一个正确的了解，哪怕还是很不完全的，就先

---

① 本文出自《心理学简札》，人民教育出版社，2009年9月第1版，卷十，第892页。

要明确两个问题。一是，如要对中国古代心理学思想进行考察，就必须从科学史的角度而不是从哲学史的角度以至其他的角度去看问题，因为心理学现在已称为一种科学。我们必须坚持这一点去努力，才能使心理学越来越走上科学的轨道。所以我们谈中国古代的心理学思想，所谈的应该是中国古代所有的看起来合乎心理学作为一门科学的思想，而要防止把有关系的一些哲学思想或其他的思想也混杂进来。如果把二者混而不分，那我们的挖掘工作就不会得到很好的结果。过去曾有人试图挖掘中国古代的心理学思想而未能取得好的成果，或者终于放弃，其原因之一恐怕就在于此。这是应该好好吸取的一个教训。第二个问题是，既然如此，如何分别哲学的思想和科学心理学的思想的不同呢？我们知道，所有已很成熟的科学都是在唯物论的观点以及辩证的观点的指导之下研究发展起来的；虽然过去这些科学家这样做都只是自发的而不是自觉的，所以他们自己反而并不了解这一点。近代自然科学以及某些社会科学的辉煌成就都确实是在唯物论观点和辩证观点的明灯的照耀下逐步取得的。有没有什么科学的光辉发展是在唯心论观点和形而上学观点的指引之下所取得的呢？没有，也几乎不可能。所以用了唯物的观点和辩证的观点去考察客观世界、研究实际问题所得的知识必然是属于科学的或接近于科学的知识。反过来，科学的知识或者可以称为科学的知识必然是唯物的以至辩证的。所以科学的知识和辩证唯物论观点之下所得到的知识几乎是同义语。所以中国古代的心理学思想只有符合于唯物论和一定的辩证法观点的或接近于此的部分才能是科学的心理学思想或接近于此的思想。那才是我们所要珍视和所要挖掘出来的宝藏。至于哲学思想则既可以是唯物的，也可以是唯心的、二元的，以至“玄之又玄”或“想入非非”的。形而上学和唯心论有血缘的关系。辩证法也和唯物论有血缘的关系。搞清楚了这几点，才能大体上分辨出什么是我们所要挖掘的中国古代的科学心理学思想而什么则不是。这样，才能不至于盲目努力，劳而无功，甚至误入歧途。这样看来，中国古代的科学的心理学思想就一般地应该到唯物论的思想家或前进的思想家那里去找，而不必，至少暂时不必，到唯心论思想家那里去找，除非要到后者那里去找一些可以作为对比的思想例子。这样，像陆九渊和王守仁这样的理学家就可以暂且不必请教了。像朱熹和张载等人那里亦许还有一些见解是可取的。至于一般佛家的玄学思想就更不会和我们有什么相干。在这样的看法之下，就所已了解到的一些局部情况来看，可以初步看到，我国古代的科学心理学思想已表现出好几个很值得予以表明的如下的光辉特征：

（1）人贵论；（2）形神论；（3）性习论；（4）知行论；（5）六情论；（6）唯物认识论。①

应该还有别的。但从这几个例子也就可以明白看到，中国古代朴素的科学心理学思想是如何地辉煌而可珍贵了。把这一份可宝贵的遗产加以研究、提炼并吸收到我们自己要建立的科学心理学体系中来，它是一件应该积极开展的工作。

二、关于系统发掘古代心理学思想的工作步骤、正确指导思想与方法论②

前几条札记把中国古代的科学心理学思想的主要脉络所构成的几个重要特征予以初步的梳理和简略的论述。从这初步的论述，亦许已可以明白看到，我国古代的心理学思想是如何的一个蕴藏丰富的矿床。当然可能还有其他的重要脉络所构成的特征，有待于我们去发现。当前的问题是，如何发动、准备并组织人力去系统地、有步骤地、全面地、有效地挖掘、开发、整理这个可宝贵的矿床。我国古代思想的文献资料浩如烟海。要先掌握这些资料，就必然是大得惊人的

① 潘菽后来又将六情论改为情二端论，补入天人论，将唯物认识论改称为主客论，这样成为七范畴论。

② 本文出自《心理学简札》，人民教育出版社，2009年9月第1版，卷十，第925页。

工作量，决非两三人或少数人所能办到。如要由较多的人来分工合作地进行，就要大家在指导思想上取得比较一致的认识，即需要经过一段时间的学习、整理和共同讨论。但在此之前，有条件并有志愿参加挖掘工作的人可以先各人自己独立进行一段时间的挖掘工作以取得初步的工作经验，然后在一起举行学习，交换意见和讨论，以此集思广益，制订出一个共同遵循的分工协作研究计划来发挥集体力量以挖掘整理我国古代的心理学思想这个丰富可贵的矿床。第一步的工作当然要以掌握资料为主而辅以研究工作。掌握资料为主就是说，要在一大堆资料里面，如一本书或一部书里面，找出有关心理学的资料，把每一条资料都分别摘录出来，并予以归类，注明这是属于感知觉问题的还是属于思维问题的或其他问题的。辅以研究工作，就是说，在阅读一种文献时，决不会只是单纯的阅读，尤其在看到一条有关心理学的资料时，决不会只是阅读到，必然对这条资料同时有所理解，有所启发，有所分析，有所获益，或同时也有所不满，有所批判，有所反对，有所议论。这时，读者对资料不可避免地已有所分析研究了。这也是重要的事情，不可放过，可以在每条摘录的资料后面附带记下所有这种有关的收获。如没有后一种记录，所摘录的资料很可能还是成为一堆没有多少用处的死资料。所以，在第一步掌握资料的同时应即开始辅以初步的研究工作。还有一个问题，就是在大量的文献资料面前如何下手呢？如果采取分工协作的方式，如何分工呢？显然，比较自然并方便的方式还是以一个一个思想家或一部一部书为单位来分工进行挖掘比较好，如有人负责研究荀况的心理学思想，有人负责研究《管子》一书中的心理学思想等等。整个挖掘整理工作可以分期进行。现在可以只考虑第一期的工作。以后的工作可以在第一期工作完成后的经验基础上另予考虑。第一期的工作可以分为先后两个阶段。前一阶段的工作可以按次序分为：（1）初步分工；（2）试行掌握资料和初步的研究工作；（3）举行学习讨论会；（4）正式开始掌握所分工的全面资料并辅以初步的研究工作。后一阶段的工作可以按次序分为：（1）把初步的研究工作进一步地加以整理，加以提炼，使之达到应有的高度和充实；（2）把分工的全部工作加以总结；（3）在总结的基础上写成论文初稿；（4）举行经验交流会和讨论会；（5）各人把自己的论文初稿根据别人的意见加以修改成为初定稿；（6）把初定稿加以复审成为定稿。最后可以把定稿的论文编辑成为一本书稿，取名为“中国古代心理学思想史初探”或者类似的标题。开始第一期的工作可以先选定一些主要的以唯物者为主要人物的心理学思想作为研究对象。也可以考虑由两个人合作以研究一个人物的心理学思想，而其中一个人可以是比较有经验的，但资料掌握工作和资料的分析研究工作仍各自独立进行，这样来收到互相帮助、互相补充、共同商讨的效益。这第一期工作已有一定的基础。这个基础必须予以利用，但要在新的指导思想，新的观点之下加以必要的修改。我国古代心理学思想的挖掘整理工作是一项很重要的工作，是有关我国心理学以及整个心理学发展前途的一项工作，必须予以认真严肃的对待并下定决心做好。要做好这项工作，必须密切在马克思主义的辩证唯物论和历史唯物论的正确思想指导之下进行，必须运用正确的方法论。这里的一个重要问题主要是要明确区分科学心理学和哲学的本质区别和联系。心理学应该有心理学的方法论，决不能套用哲学的方法论。心理学的方法论应该基本上属于科学的方法论的范畴。但现在心理学所需要的方法论还很缺乏研究，所以现在的心理学研究的盲目性还颇大。我们搞心理学工作的人无论从事历史方面的研究还是从事别的方面的研究都必须重视方法论的正确理解和掌握。当我们现在面临我国古代心理学思想的挖掘任务时，至少要明确心理学思想和一般哲学思想的差别，虽然同时也不能忽视二者之间的联系。决不能把心理学思想的问题当作一般哲学思想的问题来予以对待。

三、中国古代心理学思想刍议[①]

这里所说的中国古代心理学思想是指中国古代思想中具有科学性的心理学思想。因此所谓心理学思想不是指仅仅和心理学沾上边或有所联系的思想，而是指具有科学特点或符合于科学要求的心理学思想。心理学现在已被认为是一门独立的科学，不再是过去隶属于哲学的那种心理学。因此我们所要说的心理学思想应该是合乎科学要求的思想，而不能泛指哲学时代的心理学所可以有的一切联系到心理学的思想。因为哲学有唯物论哲学和唯心论哲学（也可包括二元论）之分。唯物论哲学有关于心理学的思想，唯心论哲学也有关于心理学的思想。我们知道科学是建立在唯物论的基础之上的。绝没有建立在唯心论基础之上的科学。唯心论的思想家凭着他们的唯心观点一般决不会对心理学，尤其对心理学的基本问题做出什么科学的论断。西方古代的思想家是如此，当代的思想家也是如此。我国古代的思想家也是这样的情况。所以现在我们要知道的我国古代思想中合乎心理学作为一门科学的思想，应该主要向我国古代的唯物论思想那里去找而不能不加分辨地向古代的所有思想

① 本文出自《潘菽全集》，人民教育出版社，2007年7月第1版，卷四，第359页。原载《心理学报》1984年第2期。

家那里去找。不过，唯物论思想家对心理学问题的看法也可以有不合乎科学的或者不够科学的。而唯心论思想家，尤其是二元论思想家或客观唯心论思想家，也可以有一定的合乎科学的心理学思想。这是因为没有一个唯心论思想家能彻底唯心，能对一切都采取唯心的观点，因而对心理学的问题也有可能做出唯物论的合乎科学的见解。这是我们必须用辩证的观点来加以明辨的。我们要研究我国古代的心理学思想，必须首先明确以上所说明的几点作为研究的前提。否则就会是非不明，思路混乱，把我们所应该阐明的我国古代心理学思想等同于一部分我国古代的哲学思想，那就不会得到所期望的结果。

还有，我们要研究我国古代的心理学思想是为了“古为今用”，是为了有助于建立我国能为社会主义现代化建设很好地服务的具有我国自己的特点的科学心理学。这样，我们所要挖掘并加以发扬的我国古代心理学思想必须是能为建立我国所需要的科学心理学所用，能纳入到我们所要建立的科学心理学的体系中去，因而构成我们所需要的科学心理学的有机部分或基本看法。因此，我们所研究的我国古代心理学思想，就必然应该是唯物论的合乎科学的心理学思想。我们并不是单纯为了古代心理学思想而研究古代心理学思想，尤其不能是不分青红皂白地包揽一切的所谓心理学思想。

我们现在就是要在以上所说明的两个重要的前提下来对我国古代的心理学思想积极进行挖掘、整理、鉴别、研究的工作。

本文的目的是要对我国古代心理学思想值得珍视的丰富内容作一例示的初步论述。

我国过去两三千年的悠久历史中也有许多思想家，特别是唯物论思想家，在他们的言论中接触到心理学许多方面的问题，提出了许多闪闪有光的见解。因此，我国古代心理学思想是一个丰富而很可宝贵的宝藏。我国的心理学者不能数典忘祖，必须好好挖掘研究这个宝藏，以整理这份大量而可珍贵的先人遗产，以为了建立我国自己的科学心理学而大可以从其中取资。对这份珍贵遗产的挖掘整理任务是迫切的，所要作出的深入研究的劳动是大量的。

中国古代心理学思想和西方古代心理学思想相比并无逊色。虽然中国古代的思想家关于心理学的论述很少采取集中的系统的形式，一般都散见于各人的著作中或夹杂于论述其他问题的文章中，但专篇或专章的论述还是有的。如《荀子》、王充《论衡》中的几篇和范缜的《神灭论》就是例子。中国古代思想家所关心的心理学问题或问题的方面和西方古代思想家也有所不同。例如关于“知”的问题，中国古代思想家对“知”（认识）和“行”（行动、实践）的关系问题讨论得较多而深入，而西方古代的心理学则对此注意显得不够。在西方的古代心理学一直是哲学的一部分，但许多哲学家都有论心理学的专著。中国古代的心理学思想也一直和哲学思想混合在一起，但更是互相交织而难分。西方古代的心理学受宗教的渗透太多，至今犹未能完全割断瓜葛。在中国则情况颇不一样。然而总地看起来，中国古代心理学思想和西方古代心理学思想的主要差别并不在于发展程度有高低和成就有大小，也不在于系统性有强弱，虽然系统性的差别是显著的，但这点只是次要的。主要的差别在于双方各有短长。

由于中国古代心理学思想的历史悠久，有关的思想家众多，特别由于对这方面的系统研究还开始不久，所取得的了解还是很初步的，现在要对它作一个完整的全貌的而又篇幅不多的概观性说明还难于办到。这里拟只就中国古代心理学思想根据初步研究所了解到的几个主要的特点作一简要的论述以见一斑。

从初步的了解，可以看到中国古代心理学思想有些看法是符合于科学而光辉独特的。这一些光辉的看法都为科学的心理学所很需要，而其中有些为西方古代的心理学所忽视或者注意不够，甚至到现在还是如此。这种光辉看法的几个例子是：①人贵论，②天人论，③形神论，④性习论，⑤知行论，⑥情二端论，⑦对认识问题的唯物论传统等。此外，当然还会有其他的特点有待于我们去论证或发现。并且，对这些特点也可以有不同的看法。

1. 人贵论

人贵论认为人是世界万物中最为可贵的，能起最大作用的东西，而人的可贵则在于有智慧。人贵论和“人为万物之灵”这句话是同样的意义。从心理学看，人的所以最为可贵主要是因为他能有发展到很高的高度的心理活动，而心理学也正是要研究人的所以成为最可贵的东西的实质所在的科学。因此人也就是最值得并最有必要由科学来予以研究了解的东西。心理学是研究人的最主要的一门科学。心理学如果看不到人是世界万物中最可贵的东西，就会忽视了它自己的一项最重要的任务，即阐明人的最重要的本质特征和所发挥的重大作用。所以人贵思想是心理科学所最需要的一种最根本的思想。没有这样的认识，就会把人和动物以至一般生物混作一谈，以致使心理学模糊了或完全忽视了自己最核心的课题。中国古代心理学思想中很独特的一种思想就是人贵论。中国古代的思想家几乎没有一人不把人和禽兽明白区分开来而把人兽并提。这是中国整个古代思想一个一直绵延不绝直到现在的优良传统。

中国的学者一向把人和天地并列，称为天、地、人“三才”。记载中国最早时代的史书《尚书》的《泰誓》篇中说，“惟天地，万物父母。惟人，万物之灵”。这是中国思想家一直宣称的“人为万物之灵”的最早表述，也一直延续至今。这是人贵论的另一种说法。孔子一派的《孝经》中说，“天地之性（生）人为贵”。这大概也是人贵论最早见的一种记载。清代后期的龚自珍说，“天地至顽也，得倮虫指（人）而灵”。最近的毛泽东同志也强调了世界万物中人最为可贵这个论点。

总之，中国古代心理学思想中的人贵论是一种很值得珍视的思想，对科学的心理学是一种极重要的根本观点。心理学如不理解人在这个世界中的重要独特地位及其所能发挥的越来越大的作用，要把自己建立成为一种正确的而不是歪曲的或不完善的科学，只能是很困难的，或者说是做不到的。

2. 天人论

天人论是关于人和天的关系的学说。人和天的关系的问题是中国古代许多思想家所关心并论述过的问题。中国古代思想家对天人关系的看法也有对立的两种。一种看法是把天看作人化的天，认为它也像人一样有意志，有思想感情，能祸福人，能主宰人的生死和国家的存亡。这种思想是封建统治阶级所欢迎、所推崇的，因为可以用作愚民的工具。封建帝王所御用的学者就宣扬这种非科学思想。中国汉初的董仲舒就是这种思想家的一个主要代表。他说“国家将有失道之败，而天乃出灾害以谴告之”。这是一种唯心论的天人观。一些在他之前和许多在他之后的前进的思想家都反对这种天人观。例如在他之前的荀况就早已指出，“星坠，木鸣，国人皆恐。曰是何也，曰无何也，是天地之变，阴阳之化，物之罕至者也。怪之可也，而畏之非也”。这是用天地间自然的变化来说明灾异这类现象的。它们因为是少见的或者因为人自己缺乏认识才令人感到奇怪，并无别的什么。

唯心论的天人关系论和科学的心理学思想完全无关。构成一种和心理学思想有关的天人关系论是唯物论的天人关系论。这种天人关系论认为天并不是别的什么，只是种种自然事物的整体所构成的大自然。人必须处在一个外在的不断与之交往的环境中。人脱离开环境，就不仅不会有什么心理活动，连存在也不可能。这就是我们一天到晚在生活实践中与之打交道的实实在在的环境。这个环境的一半就是大自然，就是科学意义的天。显然，这样的天和天人关系具有重要的心理学意义。因为没有了大自然也就没有了人，也就不会有人在生活实践中必然要和大自然交往而产生的心理活动。

中国古代的许多杰出的思想家都是唯物论的天人论者。他们都把天看成仅仅是大自然，并用这样的观点来阐明天和人的生活以及思想的关系，因而构成一种合乎科学的心理学思想。这种思想概括起来说，其中之一就是“人定胜天”的思想。例如荀况在他的《天论》中说，“大天而思之（在思想中把天看得很大），孰与物畜而用之（那不如把它作为事物管理起来而加以利用）”。这就是他有名的“戡天”思想。成书于汉代初期的《淮南子》也论及作为大自然的天和人的关系，指出人能利用、驾驭并改造大自然以取得生活资料并进行生产，又指出大自然的天既不对人赐予什么，因而也不对人夺取什么（“无予也，故无夺也”。见《淮南子》中《修务训》及《诠言训》）。到唐代的刘禹锡则更进一层指出了天人相互制约、相互作用的关系，因而把天人关系的理论提高到较高的科学水平。他在他的《天论》中说：“大凡入形器者（有形之物）皆有能有不能。天，有形之大者也。人，动物之尤者也。天之能，人固不能也。人之能，天亦有所不能也。故余曰，天与人交相胜尔。”他还指出，当人对自然界缺乏认识而无力驾驭的时候，就会产生种种神道或迷信思想。他又说，“天非务胜乎人者也。……人诚务胜乎天者也。……天无私，故人可务乎胜也”。这是说天无意志，故人尽可以去制胜它。他又说明世界的所以变化无穷，说，“万物之所以为无穷者，交相胜，而已矣，还相用而已矣”。在他看来，自然界的变化无穷就是由于自然界事物的交相胜交相用的结果，其中最重要的是人和整个自然界（天）的交相胜交相用。这也就是人产生复杂而得到高度发展的心理活动的一种主要原因。刘禹锡又强调指出天人关系是指群体的人或整个社会和大自然的关系。如就单独个人说来天人关系，那是很难说的。这些都是十分精辟的见解。明确人和大自然的关系，这是了解人的实践及他的心理的一个必要前提。

由此可以明白看到，要从心理方面去了解人，尤其是社会中的人。不能忽视天人关系的问题。传统心理学注意到人和社会的关系，甚至有一种看法认为心理学只是一种社会科学。这固然有它对的一面，但对人和自然的重要关系则未免忽视或注意不够。

3. 形神论

形神论即心身论，是说明心和身的关系的。荀况在那样早的时候就基本上正确地提出了“形具而神生”（《荀子·天论》）。这个光耀夺目的学说是说，身体具备了，心理就因而产生了。形是第一性的，神是第二性的。这是多么简单的一句话！然而它却基本上说出了一个很深刻的科学真理。也在那样早的时候，在六朝梁代的范缜在他的《神灭论》中精辟地阐明了荀况的理论，说“形者神之质，神者形之用”。这一句多么铮铮有声而把一个重大的真理叙述得那么简明扼要！范缜还曾提出他自己独有的人的心理具有空间性，即“有方”（有空间位置）的看法。西方心理学从古代以来对心身关系这个问题却一直至今没有得到完全的明确的一致解决，还在彷徨地沿着二元论的道路徘徊。本文作者在1980年冬的中国心理学会年会上提出一篇题为“论所谓心身问题”的论文。自认为是用唯物一元论的原理基本上解决了传统心理学上那个长久迷惑着、纠缠着人们的心身问题。其实，那只是申说了荀况和范缜早已提出的看法而已。事实上列宁在他早期的著作中也明白指出心身的唯物论的统一这一点。从这一个例子就可以看到从中国古代心理学思想的宝库中可以找到多么珍贵的东西。

4. 性习论

性习论是指“习与性成”这个理论的。“习与性成”据传说是商代早期的伊尹告诫初继王位的太甲的话中的一句话，意思和现在还流行的“习惯成自然”这句话的意思几乎是一样的。清初的王夫之曾给这句话作解释说，“习与性成者，习成而性与成也”。这是解释得比较正确的，意思是说“习与性成”就是说一种习形成的时候，一种性也就和它一起形成了。这也就和“习惯成自然”在基本上是同样的意思。“习与性成”这句话似乎平常，其实深含至理。孔丘显然是信奉这句话的。有同样意思的一句话，即“少成如天性，习惯成自然”，据说就是孔丘说的。在先秦和两汉之际，“习与性成”的理论显得相当流行。以后的一千多年中似乎很少有人讲了。宋代早期的欧阳修曾提到这句话，但显然并没有了解这句话的深义。但到明清之际，这个理论又受到重视。明代王廷相的心理学思想显然主要是从“习与性成”这样的理论出发的。

王夫之把“习与性成”的理论作了较详细的阐明，但有所偏差。可以看到，“习与性成”所表达的真理也是一个光芒四射的科学真理。这一科学真理是心理学所很需要的一种基本观点，特别对于发展心理学有很重要的意义。这个真理有可能使一直在心理学上纠缠着、苦恼着许多人的那个所谓遗传与环境的问题得到圆满的科学解决。遗传与环境的问题原是生物学上的一个问题。心理学者把它转移到心理学上来并单纯用生物学的观点和概念来予以理解。这也可能是这个问题在心理学上很难得到恰当的解决的一个主要理由。这个问题的解决的主要途径就在于确认所谓“性”有两种：一种是由生长而来的生成的性，也可以称为生性；另一种是人出生以后由学习或习染而来的习成的性，也可以称为习性。人的心理上生性只有很少的几种，而习性则是大量的，并且其发展的可能性在实际上是无限的。可以看到，这也是中国古代心理学思想中一个十分可宝贵而具有很深刻的意义的科学论断。这样一个光辉的科学论断的来源竟如此之早，也是足以惊人的。

5. 知行论

知行论是着重说明知和行是怎样的关系的。上面已提到传统心理学中对这个问题的注意不够。在中国古代心理学思想中，这却历来是一个十分受到重视的问题，曾对它进行热烈的讨论和争论。因而在这方面的见解也明白表现为一个发展的过程。这个可贵的传统思想在我国很早的历史时期就有了。传说商代初期的伊尹告诫商王太甲说：“弗虑胡获，弗为胡成？”（不考虑怎能弄明白，不做怎能成事呢？）商代后来的傅说也曾告诫他的君主说，“非知之艰，行之惟艰”。到了孔丘，他很重视学习，但显得更重视行。他说，“行有余力，则以学文”。稍后的墨翟也很重视行，认为言论的是非有三个标准（“三表”），其中之一是见之于行的实效（“用”）。他说，“于何用之？发以为刑政，观其中（合）国家百姓人民之利”。在知行学说上其次一个很重要的人是战国后期的荀况。他是很重视学习的，但也很重视行。他主张一种知和行的统一说，把行动和认识结合起来了。他说，“不登高山不知天之高也，不临深溪不知地之厚也”。他又说，“闻之不若见之，见之不若知之，知之不若行之。学至于行而止矣”。他又说，“知之而不行，虽敦（扎实）必困（遇到困难）”。

他又指出行要有知的帮助，说，“知明而行无过矣”。可见在荀况的心目中知和行是相辅相成的。这是把知行学说提高了一大步。到了汉代前期的唯心论者董仲舒，他和知行学说的一点关系是较早提出了知先于行的这一形而上学的看法，无视了行对知的作用。其次要提到的是唐代的柳宗元。他认为来源于大自然的人的心理实质有两方面。他说，“夫天之贵斯人也，则付刚健纯粹于其躬，倬为至灵（突出而成为万物之灵）。……刚健之气钟于人也为志……则志其一端耳。纯粹之气注于人也为明（认识能力）……则明者又其一端耳。……举斯二者，人伦（人类）之要尽是焉”（《天爵论》）。这就是说，人从自然得到一种“刚健”的气和一种“纯粹”的气，前者就是意志（行），后者就是认识（知），除了这两端外就没有别的了，人要能发挥这两个方面就行了。这一卓越见解是很有创新意义的，到现在还是如此。此后从宋代开始直到现代，知行理论又得到进一步的发展，产生了种种不同的看法，进行了较深入的讨论而最后达到了完善地步。首先是宋代的主观唯心论理学家，他们都片面地主张知先行后。例如程颐说，“须是知了方行得”，又说“君子以识为本，行次之”。对于知行问题，客观唯心论者朱熹讲得较多。他继承了程颐的学说，但有可贵的发展。他认为知先于行，但知和行“常相须”而统一在一起。他说：“知行常相须，如目无足不行，足无目不见。论先后，知为先，论轻重，行为重。”他又说，“知之愈明则行之愈笃，行之愈笃则知之益明”。（均见《朱子语类》）这是把知和行的关系说得比较确切，把知行学说推进了一步，接触到了知和行的辩证关系。不过他也有一些与此自相矛盾的说法，说明他可取的见解还不是坚定的。其次要提到明代的主观唯心论者王守仁。他以他的知行合一说而著称。但知行合一的看法是一种形而上学的看法，把行融化于知，抹杀了知和行的实质区分，完全不合科学。比王守仁稍后的是王廷相。他是一个明显的唯物论思想家，兼有科学兴趣，有颇多的科学知识。他揭露了知识能力的先验论错误。在知行学说上，他重视行。他说的行也称为“履事”、“习事”、“实历”或“练事”，相当于现在所说的实践。他说，“讲得一事即行一事，行得一事即知一事，所谓真知矣。徒讲而不行，则遇事终有眩惑”

（《与薛君采书》）。他又说，“练事之知，行乃中几。讲论之知，行尚有疑。何也？知、在我者也，几，在事者也。譬久于操舟者，风水之故审矣，焉往而不利涉？彼徒讲于操舟之术者未涉江湖而已不胜其恐矣，安所济之哉？盖风水者几之会也，非可以讲而预者也”。这是说明为什么要通过行才能得到真知或知得到家的。这是符合科学的见解。王廷相主张知行并重，叫作“知行并举”。他说“学之术二，曰致知，曰履事，兼之者上也”（均见《慎言·小宗篇》）。知行兼举的说法是对知行分离的看法的一种批判，也是对知行合一的说法的一种纠正。王廷相也是明显地把知行关系的科学理解推进了一步。我国古代对知行论的科学发展最有贡献的一个人是清初的王夫之。他在反对宋代以来的唯心论理学和发展科学的知行理论上比王廷相更前进了重要的一步。他的知行理论更接近了辩证法。他尖锐地批判了过去一切重知轻行的不正确说法，因而强调指出行和知是同样重要的，但行终究是主要的并且是容易受到忽视的。他说，“《说命》曰‘知之非艰，行之惟艰’，千圣复起，不易之言也。……知非先，行非后，行有余力而求知，圣（指孔丘）言决矣而孰与易之乎”（《尚书引义·说命中》）。这说明他是完全赞同“知不难而行难”这句话的，但并不把知和行强分先后而行是较重要的。他又进一步指出知和行是不相离的。他说，“知行之分有从大段分界者，则如讲求义理为知，应事接物为行是也。乃讲求之中力其讲之事，则亦有行矣。应事接物之际不废审虑之功，则亦有知矣。是则知行终始不相离。存心（自我检查）亦有知行，致知（求知时候）亦有知行，而不可分一事以为知而非行，行而非知”（《读四书大全说》卷三）。这里的言论好像是一种“知行合一说”，而实则非是，而是正确地指出知和行各有其作用，是“不相离”而不是“合一”的。他对此加以阐明说，“知行相资以互用。惟其各有致功而亦各有其效，故相资以互用，则于其相互，益知其必分矣。同者不相为用，资于异者乃和同而起功，此定理也。不知其各有功效而相资，于是而姚江王氏（王守仁）‘知行合一’之说得借口以惑世”（《礼记章句》卷三十一）。“知行相资以互用”这个论点，虽然在语言表达上还不很确切，但仍是对知和行的关系的一种深刻的见解，说到了两者的一种辩证关系，也是对“知行合一”说的一种有力批判。因此，知行学说在王夫之手里又得到较大一步的提高。但他还有一些看法，如说“知能（行）同功而成德业”（《周易外传·系辞二》），和“行可兼知而知不可兼行”（《尚书引义·说命中二》），则不无问题。前者是把知和行同等看待，实则行归根是主要的。后者认为行可兼知，则未免抹杀了二者的实质区分。到了近代，孙中山也提出了他对知行学说的一种有意义的看法，即他的“知难行易”说。他并不是为了要否定历来的“知易行难”说，而是有他的实际理由或实践理由的。他大概深深感觉到革命如要取得成功，必须有充分的正确的有关革命和建设的知识和理论，而这种知识和理论都是来之很不容易的。要使革命队伍内的人都能重视并掌握这种必要的知识和理论更不容易。他提出知难问题大概就是为此。所以他强调知难是有充分的理由的。听说他是一个手不释卷的人。可见他的求知心切。从此可以知道，知难还是行难，要看具体实际情况而定。抽象而笼统地说知难还是行难，都是不对的。准此，抽象而一概地谈知先还是行先或知重还是行重，也都是不对的。不过就一般而论，知和行这一对统一的矛盾中行总是主导的方面，这是可以说的，但不是绝对的。到了现代，在知行理论方面另一个重要人物是毛泽东同志。他的《实践论》就是集中阐明知和行的关系的。他从以实践即行为主的观点出发来阐明知和行的互相关系，所以称他自己的知行理论为“实践论”。他指出认识和实践的关系中实践是主导的，实践带动促进着认识，在发展过程中是从实践到认识，从认识到实践，再从实践到认识这样循环往复而前进的。在这里就很难讲实践和认识的先后。

所以先后的争论是没有多少意义的。毛泽东同志这样的知行理论是全面贯彻了辩证唯物论观点，是马克思主义的知行关系论，因而他的《实践论》把我国三千多年来的知行论推进到当代的顶峰。他的《实践论》也是为了革命的需要并在革命的实践中形成起来的。毛泽东同志和孙中山都不属于古代的范围，但这里论述我国古代的知行论的发展过程，不能不连带提到他们。

6. 情二端论

情二端论是中国古代心理学思想中关于情的分类具有独特可取之处的学说。中国古代有六情论和七情论。一种六情论认为情有好、恶、喜、怒、哀、乐这主要的六种。这是荀况的说法（《荀子·天论》）。另一种六情论认为情有喜、怒、哀、乐、爱、恶六种（《白虎通》），和第一种说法基本相同。一种七情说认为情有喜、怒、哀、惧、爱、恶、欲七种（《礼记》）。另一种七情说认为情有喜、怒、忧、思、悲、恐、惊七种（《内经》）。还可以有其他类似的说法。也还有说情有喜、怒、哀、乐四种的（《中庸》）。这里的六情说比较有代表性，比较合理。七情说的前一种比六情说多一个“欲”。欲是情所共有的共同倾向，凡是情都有一种相应的欲，欲并不是另一种情。例如说“爱之欲其生，恶之欲其死”，就说明这一点。至于把“欲”理解为“好”或“爱”的同义语的“欲”，则六情说和七情说中都已有了，无须重复。

前一种七情说还把“惧”代换了六情说的“乐”，这也不恰当。故这种七情说是不合适的。后一种七情说显得庞杂混乱，其中的“思”显然不是一种情，故更不足为据。四情说虽也通行，但欠完备，只是六情说的一种简称。人的情的表现原是变化多样的，很难一定说有几种。故西方心理学中有关于情的数目说法很不一致，少的说有三种，多的说有十六七种，我国传统中所说的六情或七情是比较多少适中的，用来代表情的几种基本形式是恰当的。而六情说又比七情说较好。但这里要特别指出的是，我国古代思想中又有一种见解，指出情的根本形式不外两种，即好（爱）和恶，称为情的两大端。《礼记》中说“饮食男女人之大欲存焉，死亡贫苦人之大恶存焉。故欲恶者心（情）之大端也”。《商君书·错法》说，“人情有好恶，故民可治也”。《韩非子·八经》说，“凡治天下必因人情。人情者有好恶，故赏罚可用”。董仲舒在《春秋繁露·保位权》中也说，“民无所好，君无以劝也。民无所恶，君无以畏也”。这都是指出人有好恶两种最基本的情的。这种情二端论说明人的情虽有种种变化形式，但都不外乎“好”（或“爱”）和“恶”（或“憎”）这两大端或两极的最基本的形式不同。这是一种很合乎科学的见解。因为实际上情对有关对象的态度总不外乎是积极的和消极的两种。情所含有机体（内脏）变化也不外乎增强（兴奋）和减弱（抑制）两种相反的变化。所以，情应该是两两成对的。如上面所讲到的两种六情说都正好就是三对情所构成，而其中一对又是最基本的。这些都表现出我国古代心理学思想中关于情的见解的独特可取之处。

7. 唯物论的认识论

唯物论的认识论也是中国古代心理学思想的一种优良传统。纵观中国二千多年的思想史，在人的认识问题方面，唯物论的传统一直是绵延不绝的。对科学的心理学思想在认识问题方面有所贡献的人大都是唯物论者或有唯物论倾向的人。这不是偶然的。因为只有唯物论者才能对心理学的认识问题作出科学的论断。唯心论观点则对心理学的认识问题只能作出非科学或不科学以至反科学的论断。我们要在我国古代思想中研究心理学的认识问题，所要依赖的主要是唯物论思想家。我国古代的心理学思想所以能放射出灿烂的光辉都是由于不同的时代都有杰出的唯物论者崛起于其间。换句话说，这是由于上下两千年有一个绵延不绝的具有充沛生命力的唯物论思想传统。

这里也只能举一些较鲜明的例子来对我国古代思想中有关心理学中的认识问题的唯物论思想传统作一个简要的说明。首先可以举战国中期的宋钘和尹文两人的见解。他们有一句代表性的话说，“其所知，彼也。其所以知，此也”（《管子·心术》）。“彼”是指客观事物，“此”是指认识的主体。这是一种基本的对认识活动的唯物论论断。他们还指出心的智知必须通过耳目的闻见。其次要提到后期墨家的看法。他们说“辨，焉（乃）摹略万物之然也”《墨子·小取》。“摹略”就是模写，就是反映。“然”就是事物的本然情况。

这显然是对认识的唯物论说明。有较系统地对心理学认识问题的唯物论阐明留下来的是战国后期的荀况。他说，“凡以知，人之性也。可以知，物之理也”（《荀子·解蔽》）。他又说，“所以知之在人者谓之知，知有所合谓之智”（《荀子·正名》）。这都是典型的唯物论观点。荀况又指出，“心有征知……然而征知必将待天官之当簿其类然后可也”（《荀子·正名》）。这是说心要有所依据而知，然而心的征知必须依靠感觉器官能尽其所属的职能才行。这是说明心和感觉器官，即思维和感知觉是分工合作、相辅相成的。荀况还着重指出实践（行）在认识中的重要作用。他说，“不闻不若闻之，闻之不若见之，见之不若知之，知之不若行之，学至于行之而止矣。行之明也，明之为圣人”（《荀子·儒效》）。这是说认识有深浅，直到懂了（知之）而又能实践（行之），那才学得到家了（止矣）。荀况关于人的认识问题的唯物论见解是比前人进了一大步的。荀况的弟子韩非关于认识问题指出，世界事物是有道理（规律）可以认识的，人的行动是要追求目的而避祸求福的，人能认识事物规律而照着去行事，就能有决心和勇气并能达到目的。（《韩非子·解老》）韩非在认识问题上，强调了“得事理”和明确目的的重要性。其次要提到汉代初期成书的《淮南子》这部书中所表达的对人的认识问题的唯物论观点。它指出，认识是事物引起心（神）的认识反应活动。它说，“物至而神应，知之动也。知与物接而好憎（恶）生焉”（《淮南子·原道训》）。

它又用镜和水作比喻说，“夫镜水之与形接也，不设智故，而方圆曲直弗能逃也”（出处同上句）。这是说，认识是要不受主观干扰的对事物的如实反映。《淮南子》对人的认识问题的独特贡献还在于说明认识问题不能只看到个人的认识而个人的认识总是有限的。它说，“夫乘众人之智则无不任也”（《淮南子·主术》）；并说，“离朱（一个目光明锐的人）之明察箴（针）末于百步之外，不能见渊中之鱼，师旷之聪合八风之调而不能听十里之外。故任一人之能，不足以治三亩之宅也”（《淮南子·原道训》）。其次的例子是后汉王充对认识问题的唯物论思想。王充也和其他的唯物论者一样，认为人的认识必须先由感觉器官和客观事物的接触，必须“任耳目以定情实（实际情况）”（《论衡·实知》）。王充认为人的认识是限于一定的机体条件的，例如说，“目不能见百里，则耳亦不能闻也”。他也否认有生而知之的事情，说，“天地之间，含血之类，无性（生）知者”。（均见《论衡·实知》）王充也认为认识不能单靠感知觉，说，“夫以耳目论则以虚象为言，虚象效则以事实为非。是故是非者不徒耳目，必开心意。……苟信闻见则虽效验章明，犹为失实”（《论衡·薄葬》）。王充在认识问题上是强调行或实效的重要的，因而说，“凡贵通（弄懂）者贵其能用之也，即徒诵读，诵诗讽术，虽千篇以上，鹦鹉能言之类也”（《论衡·超奇》）。但王充在思想上有一些地方显然自相矛盾，在认识问题上虽然是唯物论者，但又相信有鬼神，并认为有“不可知之事”。

其次可以举的一个主要的例子是北宋王安石对人的认识问题的唯物论见解。他指出事物都是可以认识的，是“可视而知，可听而思”（《进〈字说〉表》）的。他说，“天下之事固有可思可为者，则岂可以不通其故哉”（《致一论》）。他又认为，认识事物要完全采取客观态度，说，“物之出，与之出而不辞，物之入，与之入而不拒”（《道德真经集义》）。这是一种尊重客观事物的反映论的认识论。再其次是明代中期的王廷相。他在我国对认识问题的唯物论的历史发展上也是一个重要人物。他也强调说明认识是人的认识能力和客观事物相接触的结果并强调感知认识以外还必须有思维认识。但王廷相对人的认识问题的唯物论理论还有两个重要特点。其一是他把人的认识区分为两种，即他所谓“天性”之知和“积习”之知两种。后者也称为“人道之知”。我们现在可以称前者为“生知”，称后者为“习知”。他说，“婴儿在胞中自能饮食（指吞咽动作），出胞时便能视听，此天性之知，神化之不容已者。自余因习而知，因悟而知，因过而知，因疑而知，皆人道之知也。父母兄弟之亲，亦积习稔熟然耳”（《雅述》上篇）。这一区分是符合事实的科学论述，是王廷相的光辉贡献。并且这句话也批判了理学家把人伦道德的知看作另外的一种知，称为“德性之知”。另一个特点是在强调行这点上更旗帜鲜明。他说，“学之术二，曰致知，曰履事，兼之者上也”。又说，“虽然精于仁义之术，优入尧、舜之域，必知行兼举者能之矣”（《慎言·小宗》）。他把“履事”（实践）和“致知”都看作是一种“学之术”，可见他对实践的重视程度。在我国整个古代时期对人的认识问题的唯物论理论的发展道路上一个最重要的人物是清初的王夫之。他对认识问题的心理见解表现了他在这方面作了多方面的探索考察，几乎达到了系统的程度。他在这方面的研究深度也达到辩证思维的水平。因而在古代他对认识的心理学问题可以说贡献最大。他也和在他之前的唯物论者一样强调通过感知觉和外在事物接触所产生的感性认识这个认识基础的。他说，“形也，神也，物也，三（者）相遇而知觉乃发”（《正蒙注·太和》）。这里可注意的是他指出产生知觉也有躯体（形）的作用。但他更明确地强调了思维的理性认识的特殊重要作用。他特别批判了王守仁把行消融于知这种唯心论的知行合一论，而尤其驳斥了佛家唯心论的认为由知而后有知的对象这种谬论。他说，“越有山而我未至越，则不可谓越无山，则不可谓我之至越者为越之山也”。他也特别明确说明了感性认识和理性认识的分别作用和相互作用。他采用旧的表达方式说，“大概格物之功，心官与耳目均用，学问为主而思辨辅之，所思所辨者皆学问之事。致知之功则惟在心官，思辨为主而学问辅之，所学问者乃以决其思辨之疑。致知在格物，以耳目资心之用而使有所循也，非耳目全操心之权而心可废也”（《读四书大全说》卷一）。这段说明在过去旧的情况下是相当完全适用的，也说得相当透彻，基本上表达了感性认识和理性认识的辩证关系，达到了前人所未达到的水平。

上一段的论述是关于我国古代上下二千多年在对人的认识问题这一心理学思想方面的唯物论优良传统的一个简略概观。这个优良传统，我们必须继承并予以发扬光大。

总上所述是我国古代合乎科学的心理学思想可以代表全貌的几个主要的特点或方面。这些方面大都表现出它们自己的继续前进发展史并取得了可贵的成果。这些可贵的成果都可以并应该吸收到我们所要研究的科学心理学中来，不但作为它的构成部分，并且有些可以作为它的主要梁柱。在我国古代思想史中当然也有唯心论思想。有了唯心论，也一定有唯物论与之斗争。这是中国和其他国家一样的。但中国古代思想史中，唯物论思想家显得是占优势的。突出的，有经久影响的，发出光辉见解的思想家几乎都是唯物论者或有唯物论倾向的人。科学和唯物论有血肉的密切联系。一般来说，只有唯物论或有唯物论倾向的思想家才能取得合乎科学的心理学见解。主观唯心论的道路和合乎科学的心理学思想很少干系。这里所叙述的我国古代合乎科学的心理学思想的概略发展情况是说明了这一点的。

第二章　人贵论

一、人贵论[①]

认为世界上人最可贵、作用最大的一种理论。主要流行于中国先秦两汉之际，也被后代某些思想家所继承，是中国古代心理学思想的一个重要观点。《尚书·泰誓》中说：“惟人万物之灵”，老子则把人与天、地、道合称“四大”。到了汉代，董仲舒认为，人“超然万物之上而最为天下贵”。王充则进一步解释：“天地之性，人为贵，贵其识知也。”

人贵论虽然是一种哲学思想，但同时也是心理学思想，应该说是一种心理学的重要出发点。人为什么最可贵？《荀子·王制》指出：“水火有气而无生，草木有生而无知，禽兽有知而无义，人有气有生有知亦且有义，故最为天下贵也。”唐代诗人兼哲学家刘禹锡在《天论》中则进一步发展为人与天“交相胜”“还相用”。

传统心理学有一派深受生物进化论的影响，认为人不过是

---

① 本文出自《潘菽全集》，人民教育出版社，2007年7月第1版，卷七，第496页。

原载《中国大百科全书·心理学》，中国大百科全书出版社1991年版，第279页。

高等动物中的更高等者，因而无形中也认为心理学可以研究人，也同样可以研究动物，并认为研究动物心理的结果也同样适用于人。行为主义心理学就是把这种观点推到极端的产物。这样把人和动物完全混淆起来，就必然要抹杀人的心理特点，抹杀人所以成为人的重要实质所在。行为论心理学因此必然要否认意识，否认人所有的认识，否认几乎一切人所特有的心理，成为没有人的心理的心理学，而势将成为构成动物学一支的动物行为学，所以心理学如果不把人和动物加以区分而将二者混淆在一起，必然影响心理学的发展。现在已有许多心理学者试图肃清这一影响所造成的后果，如认知心理学、人本主义心理学等。

可见，不懂人贵论就很难研究好心理学。当今和今后中国的心理学研究必须突出人贵论的观点，把人贵论摆在中国心理学的重要指导思想之一的地位上。

二、比较集中地研究“人的所以为贵”的心理学，具有重大的理论意义与实践意义[①]

我国古代心理学思想具有的一些重要的特点中，形神论和性习论以及知行论是最重要最光辉的，但人贵论则是最根本

① 本文出自《心理学简札》，人民教育出版社，2009年9月第1版，卷十，第937页。

的。不知道人的独特可宝贵，就不会对人有了解的热切要求。即使有了一定的了解要求，也不会对人的了解有恰当而正确的立场和观点。把人仅仅看作动物，就不可能对人取得科学的了解。把人看作一种可供利用、可供驱使的东西，也不可能对人取得科学的了解。把人等同于一部复杂的机器，也同样不可能对人取得应有的科学了解。为此，我国古代的许多思想家所指出的“人为万物之灵”、“人是世界万物中最为可贵的东西”这个看法本身也就是非常可宝贵的科学论断。说它是科学论断，因为它是完全符合事实的。说它是非常可宝贵的，因为许多科学，许多社会事业，都应该以人贵论为出发点，才能搞得好，搞得合乎广大人民的利益。对所有关于人的科学，更应该如此。对于科学心理学，尤其应该如此。从人贵论看，也就是从心理学看，一切有关于人的科学都应该予以积极的发展。这些科学和心理学在一起都获得发展了，对于可贵的人才能取得全面的科学了解。对于可贵的人有了全面的科学了解，世界上的事情才能比较好办，才能有比较明确的目标，才能比较懂得怎样办。所以比较集中地研究人的所以为贵的心理学既有重大的理论意义，也有重大的实践意义。重大的理论意义在于，对可贵的人有了全面的科学了解，就可以懂得这个物质世界中为什么能产生人这种有“灵性”（日常语言中的心理的意思）的东西，或者说为什么物质能成为能思维的东西。重大的实践意义在于，有了对于可贵的人的全面的科学了解，许多政治上、经济上以及文化上的措施才能有较全面的科学依据而取得良好的效果。有一种看法认为下一世纪将是心理科学，即以心理学为主的所有关于人的可贵实质的科学，发扬光大的世纪。这一估计的确实性如何，姑不去说。但科学的心理学具有十分广阔的前途，这是完全可以肯定的。我们当前的重要任务是好好研究心理学的方法论，以期它能朝着正确的方向而前进并防止受到来自不同方面的干扰，以保证它的顺利健康发展。这个任务也包括使现有的心理学从过去的不太正常的发展中所受到的唯心论和形而上学的束缚中解脱出来。

三、《尚书·泰誓》等古籍中提出的人贵论，是我国古代最独特最根本的心理学思想①

先就人贵论来看。人贵论是说，在世界万物中人是最可贵的东西。因此人也就是最值得并最有必要由科学来予以研究、了解的东西。心理学是研究这种最可贵的东西的人的所以成为人的本质特征及其活动所表现的规律的最主要的一门科学。心

① 本文出自《心理学简札》，人民教育出版社，2009年9月第1版，卷十，第895页。

理学如果看不到人是世界万物中最可贵的东西这一点，就会忽视了它自己的一项最重要的任务，即阐明人的最重要的本质特征和所发挥的重大作用。所以人贵思想是心理科学所最需要的一种最根本的思想。没有这样的认识，就会把人和动物以至一般生物混作一谈，以致使心理学模糊了或完全无视了自己最核心的研究课题。中国古代心理学思想中最独特的一项思想就是人贵论。中国古代的思想家几乎没有一人不把人和禽兽明白区分开来而把人兽并提的。这种看法是中国整个古代思想一个一直绵延不绝、直到现在的一项优良传统。中国的学者一向把人和天与地并立，叫作天、地、人“三才”（最初见《易系辞传》）。中国最早的史书《尚书·泰誓》上说：“惟天地、万物父母（天地是万物所由生的父母）；惟人，万物之灵（人是万物中最智慧的）。”这是中国古代思想家一直宣称的“人为万物之灵”的最早表述，也一直延续至今。（《毛泽东选集》第四卷，人民出版社1966年版，第1401页）这是“人贵论”的另一种说法。孔子一派的《孝经》中说“天地之性（生）人为贵（天地所生，人最贵）”，这大概是人贵论最早见于记载的。此后孙膑说：“间于天地之间莫贵于人。”（《孙膑兵法·月战》）到了后汉时，孔子的一个后代季彦引述了《孝经》那句话之后说，“贵有知（智）也”（《孔丛子》卷下），说明了人贵是由于有智。那时的王充在他的《论衡》中有好几篇申述了他的人贵思想，在其中一个地方说："夫人之在天地之间也，万物之贵者耳。"（《论衡·诘术》）曹操也曾说："天地间，人为贵。"（《曹操集·度关山诗》）唐时的刘禹锡也说："人，动物之尤者也。天之能人固不能也。人之能天亦有所不能也。故余曰，天与人交相胜尔"（《刘梦得文集·天论上》）。他又说："植类曰生，动类曰虫。倮虫之长（指人），为智最大，能执人理，与天交胜，用天之利，立人之纪。"（《刘梦得文集·天论下》），这也说明人贵是由于"智最大"，因而能用人的理智与天争胜。这也是说明人为什么可贵的理由的。清代初期的王夫之说："天地之生，人为贵。"（《尚书引义·洪范三》）清代后期的龚自珍说："天地至顽也，得倮虫（指人）而灵。"（《龚自珍全集·释风》，上海人民出版社1975年版，第128页）直到最近的毛泽东同志也强调了世界万物中人最为可贵的这个论点。（《毛泽东选集》第四卷，人民出版社1966年版，第140页）

总之，我国古代心理学思想中的人贵论是一种很值得珍视的思想，对科学的心理学是一种最重要的根本思想。心理学是探索人的实质及其活动规律的一门主要科学。如不理解人在这个世界中的突出重要地位及其所能发挥的越来越大的作用，要建立起一种正确的而不是歪曲的心理学观点，只能是很困难的，或者说是做不到的。

四、荀况强调人和动物有本质区别：有辨、有义、能群，是“最为天下贵”的①

在中国思想史上，一般都强调人和动物的区别，指出人的独特地位，而不是把人和动物相提并论或者混同。荀况对人的看法是一个例子（其他例子如孙膑的《孙膑兵法·月战》，王充的《论衡·无形》和《诘术》，曹操的《曹操集·度关山诗》）。他说：“人之所以为人者何已也？曰：以其有辨也。饥而欲食，寒而欲暖，劳而欲息，好利而恶害，是人之所生而有也，是无待而然者也……然则人之所以为人者，非特以二足而无毛也，以其有辨也。今夫狌狌（猩猩）形笑（状）亦二足而毛也，然而君子啜其羹，食其胾。故人之所以为人者，非特以其二足而无毛，以其有辨也。夫禽兽有父子而无父子之亲，有牝牡而无男女之别。故人道莫不有辨。辨莫大于分……”（《非相》）又说：“水火有气而无生，草木有生而无知，禽兽有知而无义；人有气有生有知亦且有义，故最为天下贵也。

① 本文出自《中国古代心理学思想研究》（江西人民出版社，1983年2月第1版，第51页）之《关于荀况心理学思想的研究札记》（四）。题目采用《潘菽全集》（人民教育出版社2007年版）收入此文时所加题名。

力不若牛，走不若马，而牛马为用。何也？曰：人能群，彼不能群也。人何以能群？曰：分。分何以能行？曰：义。故义以分则和，和则一，一则多力，多力则强，强则胜物；故宫室可得而居也。故序四时，裁万物，兼利天下。无它故焉，得之分义也。故人生不能无群，群而无分则争，争则乱……”（荀况在这里说禽兽和人同样有“知”，在另一地方也说，“有血气之属必有知”，但接着又说，“有血气之属莫知于人”，似乎认为人的“知”和禽兽的“知”是有所不同的。可能后一个“知”是“智”的意思。荀况在有些地方讲的“知”就是“智”的意思。他曾说“智”是符合于实际情况的“知”。所以在他的理解中，“智”这种“知”是“知”的较高级形式，人类是最具有这种“知”的。）这里的中心论点是指出人和动物的本质区别，区别在于“有辨”，“辨莫大于分”。人的另外一个特点是“能群”。但“能群”也在于能“分”，“分”必须有“义”。所以人不仅和生物那样有生，也不仅和禽兽那样有知，有感知觉，而且还有“辨”，有“分”“义”，因而成为世界上最可贵的东西。不过，这里所说人和动物的区别并不很确切，因为动物也是有分辨（“有知”）的，并且也“能群”。

但荀况所说的“辨”和“分”显然不限于感知觉，因为人的“辨”和“分”还和“义”结合在一起。构成人的一个重要特点是思维。辨和分，如就分辨和分析的意义说，虽然是人的思维的一个重要作用，但思维还有另一个主要作用，即联系或综合。所以只指出分辨还很不够。荀况用“分”和“有义”来把人区别于也有“知”的动物，这说明他主要是从人的社会生活方面，从伦理或政治方面来看的。这里所引的全部议论也显得是这样。荀况在很多地方都讲到“分”或“辨”，其中有些是讲人在一般认识方面的分辨，但较多的是联系到伦理或政治方面而讲的。至于思想则很少着重讲到。所以关于人类在心理方面和动物的本质区别，荀况讲得并不够，也不够确切。但这里所引述的一些言论，足以说明荀况是强调指出人类和动物有本质的区别的，（荀况没有提到人的言语和劳动。就荀况的社会地位看，没有提到劳动，是可以理解的。他是“君子”之流，大概认为劳动不过是“劳力”的事，是不足道的。至于言语，中国过去曾有“猩猩能言”和“鹦鹉能言”的说法，亦许以为言语不是人的特征吧）是“最为天下贵”的。

第三章　形神论

一、科学的形神论是中国古代延续未绝的另一个根本性的心理学思想[①]

讲到形神问题。形神问题即现在的心身问题。这对心理学是一个非常根本性的问题。心理学如果不能科学地明确解决这个问题，要完全走上科学的道路是不可能的。但这个问题在中国古代的思想家中是早已相当明确解决了的，但由于历史社会条件的局限，没有得到应有的充分发展。在战国时代宋钘和尹文提出了一种唯物一元论，认为世界中种种东西都是由一种气（精气）构成的，人也如此。他们也用唯物论的精气论来说明人的形神关系。他们说："人之生也，天出其精，地出其形，合此以为人。"这里的"精"即精神，形即形体。照他们的说法，"形"固然是气所构成，"精"也是气。因为他们说："精也者气之精者也。"他们认为人是"精"和"形"两种气合在一起而成的。这固然是唯物论的形神论（心身论）了。但

① 本文出自《心理学简札》，人民教育出版社，2009年9月第1版，卷十，第897页。

只是唯物二元论的心身论。可是他们又说：“气道乃生，生乃思，思乃知，知乃止。”这是说：“由于气的作用才有生命，有生命才有思维，有思维才有知识，有了知识才罢休或满足。”宋钘和尹文也把气说作“道”。这里的“道”大概是作用的意思。这是说，有了气起作用，然后才有生、思、知的表现。这又是“气道”的唯物一元论的心身关系论了。可见宋钘和尹文的唯物论的心身关系论还明显地不够完备。（任继愈编：《中国哲学史》第1册，人民出版社1979年版，第13—17页）到了战国后期的荀况，形神关系说才达到比较明确完备的地步。他用极为简赅的一句话就基本上说明了这个纠缠着人们两三千年的心身问题。他说：“形具而神生。”（《荀子·天论》）“形”就是形体、身体，“神”就是精神、心理。这就是说，身体具备了，就会有心理的出现。这样一句光辉的话是照耀百世的。可惜过去的知识分子由于历史时代和阶级地位的局限，能了解这句话的伟大意义的竟像“凤毛麟角”。到了现在，这个观点应该可以发挥巨大的作用了。到了后汉，桓谭也讨论了形神问题。他用烛和火作比喻说：“精神居形体犹火之燃烛矣。……人之耆老……则气索而人死，如火烛之俱灭矣。”（《新论·形神》）这当然是一种唯物论的形神论，但并不够恰当，因为还是把形和神说成两种东西，虽然它们结合在一起。这未免比荀况后退了一步。稍后的王充也讨论了这个问题。他说："形须气而成，气须形而知，天下无独燃之火，世间安得有无体独知之精？"（《论衡·论死》）"精"是精气，也就是神。王充这里所说未免是含糊的形神二元论，虽然二者都是物质的，并且是密切结合在一起而不可分。这就比桓谭更有所后退，可以说完全违反了荀况形神论的实质了。所以王充又说："人死，精神升于天，骸骨归土，故谓魂。"（《论衡·论死》）这是不足为怪的。这就完全是流俗之见，和荀况的卓越见解没有共同之处了。再后来到了南朝梁代的范缜才真正能继承了荀况的形神说并对之有可贵的发展，明确了它的意义，丰富了它的内容。他确切地说明了形神的关系是质和用的关系（"形质神用"）。他用刃和利的关系来比喻形和神的关系，说："神之于质犹利之于刃，形之于用犹刃之于利。……然而舍利无刃，舍刃无利。"这就充分说明了形和神内在的不可分离的相互关系，而成为形神一元论了。范缜的形神论还有一些可贵的内容，例如，指出心理也有空间位置性（"有方"），这里只能略而不论。这样，我国的"形神论"就很早（第五、第六世纪之会）已发展到了几乎完备的水平。我国的心理学必须以这种科学的形神论（心身论）作为一种牢不可移的基础。这一光辉的理论到宋以后的理学家手里又蒙上了阴影，受到了阉割，几乎成为绝学。例如，程颐对心身关系问题有一种看法是，“心无目则不能视，目无心则不能见”（《二程遗书》卷六）。这是就明白摆着的事实而说的，恐怕谁也不能否认。这从表面上看似乎是很对，但略为分析一下就可以发现这里回避了一个重要的问题。那就是“心”和“目”是怎样的关系？

程颐的说法显然是把“心”作为一种东西看待的。所以这里的“心”和“目”的关系只能是并立的关系。所以这里所论述的至多只能是一种唯物二元论的心身关系论，完全没有理会到荀况和范缜所主张的形神关系一元论。所以他在另一地方说：“有是心，斯具是形以生。”（《二程遗书》卷六）这是明白的“心具而形生”的理论。所以程颐所主张的实质上是唯心的形神一元论。又如朱熹，他关于形神问题的看法是，“人生初间是先有气，既成形，是魄在先。形既生矣，神知发矣。既有形，后方有精神知觉”（《朱子语类》卷三）。从表面上去看，这是对的，是合乎科学的，至少是接近唯物一元论的形神论的，因为在这里并没有于“气”和“形”之外再加上一个“心”。但在朱熹思想的整个体系中，“理”是第一位的，是世界一切终极的根源。世界万物虽都由气而成，但气又由“理”而成，“理”在“气”先，“气”在“理”后。他说：

“才有此理，便有此气。天下万物万化，何者不出于此理？”（《朱子语类》卷六十五）又说：“只是此一个理，万物分之为体，万物之中又各具一理。”（《朱子语类》卷九十四）这样，一切貌似唯物论的东西，就一下子都成为唯心论的东西了！这是一种抽去其实质，保留其形式的偷梁换柱的狡诡办法。所以，朱熹貌似支持了荀况的理论而实质上是完全站在对立地位的。自宋以后的理学家离开了我国前古时代思想家的优良思想传统每如此。但其间仍然有一些杰出的人物不受他们的影响而坚持站在他们的对立地位而与之战斗。在这些杰出人物那里，可以看到一些很可贵的很有助于科学心理学的见解。其中一个很突出的例子是明代中期的王廷相。关于形神问题，他说：“人具形气（身体）而后性（心理）出焉。今曰‘性与气合’，是性别是一物，不从气出，人有生之后，各相来附和耳。此其然乎？（这是引朱熹的话而加以批判的。很对！）人有生气（活的肉体）则性存，无生气则性灭矣。一贯之道不可离而论者也。如耳之能听，目之能视，心之能思，皆耳、目、心之固有者。无耳目无心，则视听与思尚能存乎？”（《王氏家藏集》卷五十五，《雅述》上篇）这也是把合乎科学的形神论即唯物一元论说得再明白不过的了。所以，中国前古时期的符合于科学的形神论仍是延续下来的，虽然时断时续，且断时较多，但仍是相连成线而未绝的。

二、列举从战国至明代学者尤其是东汉王充对唯物论认识论心理学思想的杰出贡献[①]

我国古代心理学思想，另一个可贵特征是它的唯物论的认识论传统。这个传统在两千几百年中绵延不绝。在这里，我们也只能举一些突出的例子来予以表明。首先可举的是战国中期宋钘和尹文两人的见解。他们的著作都已散失，仅在《管子》一书的四篇书中较多地保存了一部分，但辨别不出是宋钘的还是尹文的，只能把他们统称为宋、尹了。（参考任继愈主编：《中国哲学史》第1册，人民出版社1974年版，第113—120页）他们有一句代表性的话是说："其所知，彼也。其所以知，此也。"（《管子·心术》）这是说认识必须有彼此两方面才能产生。彼就是被认识的客观事物方面。此就是能认识的主体方面。这是一种基本的唯物论的认识论论断。他们又认为："洁其宫，阙其门。宫者谓心也，心也者智之舍也，故曰宫。洁之者去好过也。门者谓耳目也。耳目者所以闻见也。"

① 本文出自《心理学简札》，人民教育出版社，2009年9月第1版，卷十，第918页。

（《管子·心术》）这是说，要有所知必须避免干扰，必须通过耳目这种感觉器官的感性认识。这也同样是一种基本的唯物论的认识论论断。其次要提到后期墨家的唯物论认识论。他们说：“辩，焉（乃）摹略，万物之然也。”（《墨子·小取》）“摹略”就是摹写，就是反映。这是承认有彼有此的前提下进一步说明“知”的性质的。那就是唯物论的反映认识论。他们也说，“知也者所以知也”（《墨子·经说二》）。这是说“知”是所以知的机能。这是指出人有“知”是由于人有知的机能。这是一种合于科学的说明。有较系统的唯物论的认识论留传下来的是荀况。他说：“凡以知，人之性也。可以知，物之理也。”（《荀子·解蔽》）这是说，人性是能知的，事物都是可知的。他又说：“所以知之在人者谓之知，知有所合谓之智。”（《荀子·正名》）这是指出，能知在人的主体方面叫作知的机能，知而和客观事物有所合才叫作智慧。这是典型的唯物论的观点。荀况还进一步强调了思维在认识中的作用。他说，“心居中虚以治五官”（《荀子·天论》）。这是说心能统治感觉器官的感觉。否则“心不在焉则黑白在前而不见，雷鼓在侧而不闻”。他认为：“心有征知……然而征知必将待天官之当簿其类然后可也。”（《荀子·正名》）这是说心能有所凭借而知。然而心的征知必须依靠感觉器官能对当着所属的职能才行。这是说明心和感觉器官，思维和感知觉是分工合作、相辅相成的。荀况又着重指出实践（行）在认识中的重要作用。他说："不闻不若闻之，闻之不若见之，见之不若知之，知之不若行之，学至于行之而止矣。行之明也，明之为圣人。"（《荀子·儒效》）这是说认识有不同的深度，直到懂了（知之）而又能照着去做（行之，实践），那就学得到家了（止矣）。因为做了才能明白，明白了才能成为真有知识的人。在以上的两点上，荀况比起前人在认识问题上前进了一大步。其次可以举的一个例子是荀况的弟子韩非子关于认识的理论。他认为世界事物是有道理（规律）可以认识的，人的行动是要追求目的而避祸求福的。人能认识客观事物的规律而遵照着去行事，就能有决心和勇气并能达到目的。否则就只能失败。他说："务致其福则事除其祸，事除其祸则思虑熟，思虑熟则得事理，得事理则必成功，必成功则其行之也不疑，不疑之谓勇。"（《韩非子·解老》）他又说："夫缘道理以从事者无不能成。"（《荀子·儒效》）韩非在认识问题上，强调了"得事理"和明确目的的重要性。再一个可以举的例子是西汉初期《淮南子》这部书中所表达的唯物论认识论看法。它首先指出，认识是事物引起心（神）的认识反应活动。它说："物至而神应，知之动也。知与物接而好憎生焉。"

（《淮南子·原道训》）它还指出“夫镜水之与形接也，不设智故，而方圆曲直弗能逃也”（《淮南子·原道训》），这是说，水和镜子和物体接触时，不用玩弄聪明，而方圆曲直之形就不能逃避。这是指出，认识是要不加干扰地如实反映。《淮南子》对认识问题的独特贡献在于说明认识问题不能只看到个人的认识而个人的认识总是有限的。它说：“夫乘众人之智则无不任也。”（《淮南子·主术》）并说：“离朱之明察箴末于百步之外，不能见渊中之鱼，师旷之聪合八风之调而不能听十里之外。故任一人之能，不足以治三亩之宅也。”（《淮南子·原道训》）因个人之知有限，所以要“乘众人之智”。在两千年前古代的封建时期能看到这一点是难能可贵的。其次的例子是东汉王充的唯物论的认识论思想。王充也和其他的唯物论者一样，认为人的认识必须先由感觉器官和外界事物的接触，必须“任耳目以定情实”（《论衡·实知》）。王充又认为人的认识要有一定的机体条件，例如说：“目不能见百里，则耳亦不能闻也。”（《论衡·实知》）他也否认有生而知之的事情，说：“天地之间，含血之类，无性（生）知者。”（《论衡·实知》）王充也认为不能单靠耳目的感觉，说：“夫以耳目论，则以虚象为言。虚象效，则以事实为非。是故是非者不徒耳目，必开心意。……苟信闻见，则虽效验章明，犹为失实。”（《论衡·薄葬》）王充在认识问题上的特点是强调行或实效的重要。他说：“凡贵通者贵其能用之也。即徒诵读，读诗讽术，虽千篇以上，鹦鹉能言之类也。”（《论衡·超奇》）但王充在思想上有一些地方是自相矛盾的。在认识问题上也是如此。例如，他对人的认识的看法基本上是唯物论的，但又相信有鬼怪。他知道感觉和思维都重要，但又会片面强调其中的一方面。他又认为有“不可知之事”。这些都是他的唯物论的认识论的缺点。其次可以举的一个主要的例子是北宋王安石的唯物论的认识论。王安石的唯物论的认识论有两点重要的内容。一是，他认为客观事物是可以认识的，是“可视而知，可听而思”（《进<字说>表》）的。他说：“天下之事固有可思可为者，则岂可以不通其故哉？”（《致一论》）二是，认为认识要完全采取客观态度，说：“物之出，与之出而不辞。物之入，与之入而不拒。”（《道德真经集义》）这是一种尊重实在事物的反映论的认识论。再其次是明代中期王廷相的例子。王廷相在我国唯物论的认识论的发展史上也是一个比较重要的人物。他强调说明认识是人的认识能力和客观事物相接触的结果。这一点是和其他人关于认识的唯物论观点是相一致的。他强调感知的认识以外还必须有思维的认识。这一点也和其他的唯物论的认识论者相同。但王廷相的唯物论的认识论还有两个重要特点。一个特点是，他把人的认识区分为两种，即他所谓“天性”之知和“积习”之知两种。后者也称为“人道之知”。我们现在可以称前者为生知，称后者为习知。他说：“婴儿在胞中自能饮食，出胞时便能视听，此天性之知，神化之不容已者。自余因习而知，因悟而知，因过而知，因疑而知，皆人道之知也。父母兄弟之亲，亦积习稔熟然耳。”（《雅述》上篇）这是说“天性之知”只是很少的几种，其余的大量认识都是“人道之知”，即因“积习”而得的习知，也包括父母兄弟这种伦理道德的认识在内。这一区分是切合事实的科学论述，是王廷相独特的光辉贡献。可注意的是，王廷相指出父母兄弟这种“德性之知”也是同样的习知，并不像许多唯心论的“理学家”那样，认为“德性之知”是另外一种认识。第二个特点是，唯物论的认识论者大都强调行（实践）在认识中的作用。王廷相也是这样，并且他的旗帜是比较鲜明的。他说：“学之术二，曰致知，曰履事，兼之者上也。”又说：“虽然精于仁义之术，优入尧、舜之域，必知行兼举者能之矣。”（《慎言·小宗》）他把求知和实践并列为一种“学之术”，可见他对实践的重视程度。在我国整个古代时期唯物论的认识论的继续发展的道路上一个最重要的人物是前面已提到了的王夫之。他对认识问题的心理学思想表现了他对认识问题作了多方面的探索和阐明，几乎达到系统的程度。他在这方面的研究的深入也达到了辩证思维的水平。所以他在我国的旧时代中，是对认识的心理学问题贡献最大，研究成果最杰出的。他也和在他之前的唯物论者一样，是强调通过感觉和外在事物接触所产生的感性认识这个认识的基础的。他说："形也，神也，物也，三（者）相遇而知觉乃发。"（《正蒙注·太和》）但他更明确强调了思维的理性认识的特殊重要作用。他尖锐批判了程、朱、陆、王的唯心论的认识论。他特别驳斥了王阳明把行消融于知的知行合一论，而尤其驳斥了佛家唯心论的认识论认为由知而后有知的对象这种谬论。他说："越有山而我未至越，则不可谓越无山，则不可谓我之至越者为越之山也。"王夫之也特别明确地说明了感性认识和理性认识的分别作用和它们的相互关系。他采用旧的表述方式说："大概格物之功，心官与耳目均用，学问为主而思辨辅之，所思所辨者皆其所学问之事。致知之功则惟在心官，思辨为主而学问辅之，所学问者乃以决其思辨之疑。致知在格物，以耳目资心之用而使有所循也，非耳目全操心之权而心可废也。"（《读四书大全说》卷一）这段说明在过去旧的情况下是相当完全适用的，也说得相当透彻，基本上表达了感性认识和理性认识的辩证关系，达到前人所未达到的水平。不过王夫之唯物论认识论也有不彻底的一面。如他所说的“行可兼知”也是一例。因知和行各有功，说行也兼有知的功是不合逻辑的。知不能兼有行的功，行也不能兼有知的功。从以上举的一些例子已可以明白看到，我国古代的心理学思想中从前到后有一条绵延不绝的唯物论的认识论的线索，并且这条线索不仅是连续的，也是前进的、发展的，并且也和别的线索方面一样是取得了可宝贵的成果的。这些可宝贵的成果当然都可以并应该吸收到我们所要研究的科学心理学中来，不仅作为它的构成部分，并且可以作为它的主要支柱和栋梁。在我国古代思想史中当然也有唯心论的认识论。有了唯心论，也一定就有唯物论与之作斗争。任何一个国家的古代思想史或哲学史都是一部唯物论和唯心论的斗争史。中国也不例外。但中国古代思想史中，唯心论的认识论思想这条线索和唯物论的科学心理学基本上没有关系，只有唯物论的认识论思想这条线索才能含有和科学的心理学相合适的东西。所以我们只举了一些唯物论认识论的例子来说明我国古代心理学思想在认识问题方面所表现的概况。并且我国的思想史中，唯物论的思想家显得至少和唯心论的一样多并且光辉无比，因而他们的唯物论认识论构成了一条自古以来一直继续不断的优良思想传统线索，以供我们所要

研究的心理学取资。【本条的写成主要参考任继愈编：《中国哲学史》（四册）。】

三、评王充关于心身关系的朴素唯物论看法及其两个缺陷[①]

关于心身关系这个根本问题，王充也作了朴素唯物论的说明，虽然这种说明还只能是很粗糙的。他首先肯定说：“人，物也。”（《论衡·论死》）这是说，人也是自然界的一种东西，和其他自然界的东西一样，是一种物质东西。这首先在出发点上就对了。他因而认为，要了解心身关系问题（在他是作为生和死的一个问题提出来讨论的），应该“验之以物”（《论衡·论死》），即应该和其他自然的东西进行比较考察，以求得到验证。这种观点和论证方法是基本上正确的，是属于唯物论的观点和方法，虽然在他应用时不免有疏略。王充首先指出：“人之所以生者精气也，死而精气灭。能为精气者血脉也，人死血脉竭，竭而精气灭，灭而形体朽，朽而成灰土。”（《论衡·论死》）

他也把“精气”称为“神气”。他说：“人用神气生，

① 本文出自《心理学简札》，人民教育出版社，2009年9月第1版，卷九，第621页。

其死复归神气。”（《论衡·论死》）精气或神气就是指口呼吸的气。呼吸是有生之物的代谢作用或生命现象的基本表征，所以不同的民族都把呼吸的气看作生命和觉知的根源。现在还有人在说话中把死称为“断气”的。这是一种显然很粗糙，但有基本上正确的方面的说法。王充显然就是主要根据这种事实，提出了他关于生和死的区别或心身关系的说明的。因而他也就把精气或神气理解为一般所说的精神（现在心理学上所说的“心”或“心理”）的由来或同义语。他说，“夫卧（睡着时），精气尚在，形体尚全，犹无所知，况死人精神消亡，形体朽败乎？”（《论衡·论死》）王充显然也注意到呼吸又和流动的血液（“血脉”）有关系，所以说：“能为精气者血脉也。”这也有一定道理。因为血液的流动停止或者血液流失，就会使身体各部的基本代谢作用无法进行，因而各种器官，尤其神经系，就要很快丧失它们的机能，其明显的结果之一就是呼吸停止。不过，反过来，当呼吸受到阻塞的时候，其结果也一样是生命的丧失。所以，气和血或呼吸和血液的流动是同样重要的。所以，王充也把气和血结合在一起说：“精神本以血气为主。”（《论衡·论死》）

但是，他认为精气是血脉所产生，这却是错误的。照王充的基本看法，人和其他的物一样，都是由“自然之气”而产生

（“禀自然之气”，见《论衡·初禀》）。他说，“人禀元气于天”（《论衡·无形》）；又说：“人未生，在元气之中，既死，复归元气。”所谓“气”或“元气”就相当于现在所说“物质”的意思。所谓精气是一种精细而活跃的气的意思。王充和其他许多古代人一样（主要是没有染上唯心论偏见的人），认为人所呼吸的这神精气，是使人能活动、能有觉有知的东西，也就是相当于一般所说的“精神”的东西。所以他说，人死时“气去精神绝”（《论衡·论死》）。所以，他认为人是由精气和形体两种物质的东西构成的。他说：“禀气于天，立形于地。”（《论衡·骨相》）这意思就是说，人从天得到精气，从地得到形体；二者结合在一起才成为能觉知、能作为的活人。否则就要成为不能觉知、不能活动的死人。所以王充所讨论的气（精气、神气）和形（形体）的关系的问题，在实质上也就是现在所说心和身的关系的问题。王充这种看法是朴素唯物论的看法，这是可贵的。但有两个缺陷。

一是没有注意到“生命”和“精神”的区分。照他的看法，似乎以为有“生”就是“心”，这是不对的。荀况说，“形具而神生”（《论衡·天论》），这才是扼要而恰当的说明。二是把精神（心）和形体（身）看作是两种

“气”所构成。这是一种不恰当的（虽然是唯物论的）心身“二元论”。

另一个问题是，气和形的各部分是同样的关系呢，还是只和某些部分特别有关系呢？王充认为，精气和“五脏”特别有关系。他说：“人之所以聪明智惠（慧）者，以含五常之气也。五常之气所以在人者，以五藏（脏）在形中也。五藏不伤则人智惠，五藏有病则人荒忽（恍惚），荒忽则愚痴矣。人死，五藏腐朽，腐朽刚五常（之气）无所托矣，所用藏（贮存）智者已败矣，所用为智者已去矣。”（《论衡·论死》）他采取了这种看法的理由，是因为五脏居于身体的内部（“以五藏在形中”），而心脏是那时一般认为和人的“聪明智慧”有密切关系的，至于肠、胃、肝、肺则和情绪有一定的关系。所以，五脏不只和“聪明智慧”有关系，也和情绪有关系，因而是和全部精神有关系的。这些看法虽然十分粗糙并有错误，但基本观点是唯物论的，是来自一定的实际考察和事实的，只是忽视了不应忽视的感觉器官。荀况对后者是相当重视的。

王充又把人的生命譬作一丛火。他说：“人之死犹火之灭也。火灭而耀不照，人死而知不惠（慧）。二者宜同一实。论者犹谓死有知，惑也。人病且死，与火之且灭何以异？火灭光消而烛在，人死精亡而形存。谓人死有知，是谓火灭复有光也。”（《论衡·论死》）这个譬喻也基本上是恰当的。生物学上就把生物的代谢作用譬作火的燃烧。代谢作用一停止，生物就随即变成死物，就像火一灭就不再有光一样。所以人死了，气绝了，“血脉”停了，也就不会有活的时候所有的机能表现了。但这里的问题也是对生命和精神不加区分。王充又认为精气在形体中就像米在袋中那样。盛满的一袋米，如果袋破了，米就散了出来，原来那一袋米的样子（形）也就没有了。（《论衡·论死》）在这里，王充也企图说明精气和形体（心和身）虽然是两种东西，能合也能离，但是紧密互相依存的。他说：“人之精神藏于形体之内，犹粟米在囊橐之中也。死而形体朽，精气散，犹囊橐穿败，粟米弃出也，粟米弃出，囊橐无复有形。精气散亡，何能复有体而人得见之乎？”（《论衡·论死》）

他更进一步说：“形须气而成，气须形而知。天下无独燃之火（不要别的东西，而自己能独立燃烧的火），世间安得有无体而独知之精（哪能有没有身体在一起，而能自己产生觉知作用的精气或精神）?”（《论衡·论死》）这样的说法在逻辑上是说得过去的，并能大略恰当地说明了心身的统一关系的问题，并说明了人死则精神灭这个明白的事实，但有把心和身说成两种并立的东西的缺陷。

王充也有力地驳斥了人的骸体还能呼叫或说话这样的无稽

之谈。他遇到这种情况时，就常给自己提出“何以验之”这样的问题来予以解答。他在这里的解答是：“生人所以言语吁呼者，气括口喉之中，动摇其舌，张歙其口，故能成言。……人死口喉腐败，舌不复动，何能成言？”（《论衡·论死》）他不从“精气散亡”这方面来说明那种无稽之谈的谬误，而从躯体中有关的器官的已败坏或已不能活动这方面来进行论证。这样的论证是更显有唯物论的威力和说服力的，并接近了唯物的心身一元论观点。王充又曾把人和物相比来申述他的见解。他说：“物与人通。人有痴狂之病，如知其物然而理之，病则愈矣（如果知道他和别的物是同样的而予以治疗，病就好了）。夫物未死，精神依倚形体，故能变化，与人交通（此句有些难解，可能是能和人发生联系的意思）；已死，形体坏烂，精神散亡，无所复依，不能变化。夫人之精神犹物之精神也。物生，精神为病（可以生病）；其死，精神消亡。人与物同，死而精神亦灭……”（《论衡·论死》）这里说的第一点是指出，人有痴狂之病也和物的有病一样，并不是因为人有什么特别的东西，如灵魂之类发生了问题，所以照对待物的办法那样来予以治理就会好了。这是很值得予以注意的一种唯物论看法，但可惜王充自己没有多加阐明。所指出的第二点是说，人的精神和物的精神是同样的；物死，精神就消亡，人和物一样，死了，精神也就灭了。把人和物作这样的比较

（“验之以物”），在一方面是很对的，说明人和物归到根本上是一样的，人并没有灵魂这种特别的东西。但在另一方面，这种比较引起了一个重要问题。人和其他的物，即便是动物，在精神方面就完全一样，而没有什么差别吗？王充自己再三指出的“天地之性，人最为贵”（《论衡·无形》《论衡·量知》《论衡·奇怪》）在什么地方呢？如果承认物和人有同样的精神，就要滑到“泛神论”方面去。所以，只注意到人和物没有根本上的差别还不够，还同时必须注意到人和物之间有很大的本质上的不同。王充是一个突出的朴素唯物论者，但对事物的辩证性的理解则显得颇缺乏，虽然他有一些观点具有相当鲜明的辩证意味。这也是由于阶级和时代的局限性所致，不能作为一个要求来向他提出。总之，王充在《论死》中所提出关于心身的统一关系以及人死后精神消灭的一些论证，是基本上解决了问题的，虽然论证还是颇粗糙的并带有缺陷和错误。例如，他采取了把人的精神或现在所说的心理看作也是一种气（一种精细的物质东西），能和另一种气构成的形体（身体）或合或离，这就是他在理论上一种根本的唯物二元论的缺陷。所以，王充关于心身关系的看法比起荀况所说的“形具而神生”这样一句简赅而确切的话所表达的见解，显然是后退了一步。不过，他也曾有这样的看法，就是，他在《论死》中提到，鸡卵内部全是一种“澒溶”的流体东西（“若水之形”），但经过“良雌伛伏（驯良母鸡的抱卵），体方就成（鸡的形体才形成），就成之后，能啄蹶之（形体长成后，就能产生啄和踢这种活动）”（《论衡·论死》），这就和荀况所说的“形具而神生”有了同样的意思，并且说得还具体一些。

可惜，王充没有能抓住这个更正确的论断进行发挥。不过，王充对于心身关系的问题，从朴素唯物论观点所提出的见解，虽然粗糙而有缺陷，但大体上是恰当而中肯的，已很足以摧毁唯心论的心身二元论以及身死留魂这类错误、迷信的见解，因而在思想史上是闪闪发光的一种很值得珍视的理论。

四、评述范缜对心身关系问题较系统的唯物论科学论断及其不彻底性[1]

关于心身关系这个根本问题，一百多年来在近代心理学中，由于在心物二元论和唯心论的迷雾笼罩之下，并由于它自己的立足点不端正，一直到现在仍未能科学地解决，但在

① 本文出自《心理学简札》，人民教育出版社，2009年9月第1版，卷九，第627页。

这种情况下，其实也是不可能得到正确解决的。然而，在近代心理学形成之前，这个问题就已由马克思和恩格斯建立的辩证唯物论辉煌地予以解决了。在我国思想史上，两千三百年前的荀况也已用简单扼要的一句话（“形具而神生”）作出了高度概括而基本上正确的解答。约两千年前的王充，对这个问题也作了虽有缺陷但也大体上恰当的答复。他比荀况差了一步，因为他用两种“元气”的离合这种粗糙而欠确切的说法来说明精神和肉体的关系。但他的基本观点是唯物论的，否定了心和身之间有什么不可逾越的鸿沟或认为有灵魂这样的东西。到了一千五百年之前的范缜则在他的《神灭论》（《中国哲学史资料简编》录了全文并作了较详细的解释）。这篇很著名论文中，又在荀况和王充奠定的基础上对这个具有根本意义的问题作出了更光辉而较有系统的阐明，虽然还留下一条尾巴。范缜开宗明义地提出“神即形也，形即神也”（本条以下的征引，除另有注解外，均见《中国哲学史资料简编》）。这个论断说神（心）和形（身）是合二而一的，是完全统一在一起而不可分的。从现在大家还并不都明白知道一切形式的物质和它们所表现的特有性能或作用、或运动是不可互相分离的这一点来看，就可以体会到范缜在他那时候作出这样的论断的难能可贵。范缜给他自己这个“形神相即”的论断进一步作的解释是：“形者神之质，神者形之用。是则形称其质，神言其用，形之与神不得相异。”

这是说，身（人的肉体）是心（人的心理或精神）的实体，心是身的作用（机能）。那么，身是指实体方面说的，心是指作用方面说的，身和心不能相分离。范缜所说的形和神都是指人而说，从《神灭论》的下文可以知道。范缜这个论断是一个具有高度科学性的论断。范缜用了一个譬喻，具体地说明了形和神的关系。他说：“神之于质犹利之于刃，形之于用犹刃之于利。”利和刃虽有不同的名称，“然而舍利无刃，舍刃无利。未闻刃没而利存，岂容形亡而神在？”这个譬喻是确切而足够说明问题的，只要把“利”不仅理解为“刃”的一种“属性”，而主要是能切能割的作用。并且就心身关系说，还要注意到身是第一性的，心是第二性的。所以“舍利无刃”的说法并不是很确切而是有漏洞的。实际上，“利”只能因“刃”的存亡变化而存亡变化。因而“神即形也，形即神也”这个论断，把“形”和“神”说成像是并立的东西，并不完全恰当。不过范缜接着说，“形存则神存，形谢则神灭”，没有反过来说，就显得已理会到第一性、第二性的关系。范缜继续指出，有一个必须辨别清楚的问题，就是人的肉体这个实体

（“人之质”）也和树木的实体（“木之质”）及死人的形体（“死形”）一样都是物质的实体，但人的实体有觉知的作用，而其他的实体则没有。这岂不好像说明人的实体和觉知的作用（神）是两码事，是不一定统一在一起的吗？（“岂非木有其一，人有其二耶？”）范缜分辩说：“今人之质，质有知也（是有知的质）；木之质，质无知也（是无知的质）。人之质非木之质也，木之质非人之质也。安在有如木之质而复有异木之知（哪里有和树木相同的实体而又有树木所没有的觉知作用呢）？”

至于死人的形体也是同样。生形不是死形，死形也不是生形，已经产生了变化而把二者区分了开来（“区已革矣”），哪里会有生人而有和死人同样的形体呢？（“安有生人之形骸而有死人之骨骼哉？”）这就像荣木（活树）变为枯木（死树），两者的实体是不同的，因而表现也不同，如荣木不会“凋零”，枯木不会“结实”。这是充分合于逻辑地说明了事物有不同的作用，一定是由于有不同的实体，有了实体上的变化也一定就有作用方面的变化。人的肉体（身）和精神（心）的统一关系也是同样。这是范缜所提出的关于心依存于身的一个很深刻的唯物论论点。至于人死了还留下一个不再有知的“骨骼”而不很快消灭这一点，范缜指出，那只是由于事物生灭的过程有快有慢之故。他说：“生灭之体要有其次（步骤、过程）故也。夫欻（忽）而生者必欻而灭，惭（逐渐）而生者必渐而灭。……有欻有渐，物之理也。”所以“死形”已是“生形”归于消灭的第一步，已实质上不同于“生形”。

此外，联系着心身关系问题，还有一个重要之点，即心理的不同过程或机能和肉体的不同部分或器官是怎样的关系的问题。对此范缜也作出了大体合于科学并有独创之处的答复。他首先设问说，如果形即是神，手这样的身体部分也有神在一起吗？他解答说，都是神的一部分（“皆是神分”）。那么，神应该能思想（“虑”），手这样的身体部分也能思想吗？范缜的答复是：手之类有痛和痒的感知觉，但没有辨别是非的思想（“无是非之虑”）。那么，感知觉和思想是一还是二呢？答复是：感知觉就是思想，浅的时候是感知觉，深的时候是思想（“知即是虑，浅则为知，深则为虑”）。在这里要注意到，范缜认为手这种身体部分本身就有感知觉，这种看法固然不够全面，但包含一种可贵的内核，就是认为手这种身体部分是有痛和痒这种感知觉的机能的主要器官。这是一种关于感知觉的“周围说”。近代流行的传统心理学一般认为感知觉的机能主要在于脑。这是关于感知觉的“中枢说”。二者比较起来，前者是较可取的，因为这是较符合于事实和唯物论观点的。荀况也已有类似的看法，不过荀况注意到了感知觉和心的器官的关系。范缜则注意到感知觉和思想的内在联系。就范缜和荀况的时代之早来看，这种难能可贵的见解就显得特别值得珍视。

这里还有一点，就是范缜提出了“知即是虑”这个论断。这句话看起来像颇有问题，其实是一个含有一种深刻意义的论断。因为“知”和“虑”在这里都是一种认识活动，虽然二者有重要的区别，但实质上是相互密切联系着的，都是对客观世界广义的是和非的分辨，因而有实质上“同一”的一面。“知”是初步的直接的较低级的认识，即感性认识；“虑”是较间接较全面较高级的认识，即在感性认识的基础上产生的理性认识。范缜认为这主要是浅和深的区别。这是特别强调说明两种认识的一致方面的。这是从明显的差异看到内在的联系或“同一”的一种见解。在这里也就明白显露出范缜思想中所具有的鲜明的辩证思维成分。这是范缜超过了或者说发展了荀况的见解的一点。其次一个问题是，“虑”和“知”是深浅之别，那么“虑”就应有两种（“应有二虑”），“神”也有二种吗？答复是：“人体唯一，神何得有二？”（人体是统一的，精神怎能分成两个呢?）其实这个答复在“知”和“虑”只是浅深之别那句话中已包含在内了。

不过，范缜把“神”不能有二的理由归之于“人体唯一”，这是把“神”是人体派生的这个唯物论论点更明确地申述了一下。再次一个问题是：“是非之虑不关手足，当关何处？”答复是，“是非之虑，心器所主”。范缜所说的“心器”显然是指“五脏之心”，就是作为五脏之一的心脏。这和荀况所说的“心”，也就是在古代一般流行的看法，是一样的。但心脏和别的脏器有什么特殊之处而“独有是非之虑”呢？对这个问题，由于那时有关人体的科学知识还很不够，看来还和荀况那时差不多，不仅还没有清楚知道脑的作用（晋代的陆机在《与长沙顾母书》中讲到一个堂兄弟的死时说，“痛心拔脑，有如孔怀”，似乎对脑的作用已有所知。葛洪在《抱朴子》中也讲到了脑——服阳丹以补脑），就是心脏和一些别的脏器在机能上的实质区别也还是很模糊的。关于心脏，也还只知道它有“七窍”，所以范缜也就只能很含糊地说：“七窍亦复何殊，而司用不均何也？”意思是，心脏的“七窍”也“司用（所管辖的作用）不均”，所以心器和其他脏器也司用不同。（“七窍”有什么“司用不均”，并没有明白的说明，大概是接受旧有的臆想的吧。）这表示了他对为什么心器“独有是非之虑”，而其他脏器则没有这个问题并不能明白答复。

王充没有专门谈到“虑”的问题，但曾谈到智慧和身体的关系问题。他说：“人之所以聪明智惠（慧）者，以含五常之气也。五常之气所以在人者，以五藏（脏）在形（身体）中也。”这等于是只能笼统地说，人的“虑”是和五脏有关的。这是汉代人在五行说的影响下的所作的一种牵强的推论，虽然这种看法的实质是唯物论的。范缜也显得受到了这种看法的影响，但加以区分，不采取王充那种笼统的看法而回到了荀况，确认“虑”是“心器所主”。这大概也是因为，如早已流行的说法，心脏有“七窍”之故。更次一个问题是，照一种唯心论的说法，思想是没有空间性的（“虑思无方”），何以能确定知道是“心器所主”的呢？答复是，“心病则思乖（失常），是以知心为虑本”。这里所说的“心”也是指心脏而言。所以这句话和王充所说“五脏有病则人荒忽（恍惚）”那句话是同样的逻辑。

但是“五脏有病”可以包括许多种病，有些病亦许会引起人的“荒忽”。不过这一说法已有些勉强。至于“心病则思乖”这句话则更勉强，因为心脏病一般不会引起“思乖”，除非严重到了面临死亡危险的时候。所以，范缜这句话只能是出于推测或接受了一种流俗之见，缺乏事实依据。然而，“虑思”在人体中有所“本”这个看法仍然是正确的。由此可见，像范缜这样杰出的古代思想家，遇到一些问题却会缺乏科学知识的支持借以进行恰当的推论。然而，正因为如此，像范缜那样仍然能作出“虑思”在人体中也有所“本”这一难能的光辉论断，就更显得弥可珍贵了。能产生这样的论断的基本原因，显然是由于范缜（以及王充和荀况）走的是唯物论的道路之故。因而这里也就显出唯物论的威力和对人们的思想所能起的锐利武器的作用。在“虑思”有所“本”的前提下，范缜继续作了阐明。

他指出，“虑”不能寄托于眼睛这类的身体部分中。如果“虑”可以寄托于眼睛这种身体部分，视觉也就可以寄托于耳朵的部分了（“若虑可寄于眼分，眼何故不寄托于耳分耶？”），这就和荀况所说“耳、目、鼻、口、形，能各有接而不相能也”是同样的意思。范缜又指出，视觉是“有本”的，所以“虑”也不能“无本”。如果我的“虑”在我的身体中“无本”（“苟无本于我形”）而可以寄托于任何别的地方（“而可遍寄于异地”）那么张甲的情绪就可以寄托到王乙的身上去，李丙的性格也就可以寄托到赵丁的身上去了（“亦可张甲之情寄王乙之躯，李丙之性托赵丁之体”）。有这样的事情吗？决不会有（“不然也”）。这些都是对客观事实的正确考察因而作出的关于一个看起来似乎很简单，而实际上常常被歪曲以至抹杀的基本真理的如实结论。这就有力地批驳了许多唯心论的谬误看法和讲法，并且无可置疑地论证了“虑”的空间性（不是“无方”而是有“方”），同时也明白地再一次肯定了心和身的内在统一性或一致性。

思想也有空间性这个论断在现在看起来，也同样是一个显得崭新而闪闪有光的科学论断。既然包括思想的心同肉体的身是内在地统一的、一致的，思想也就由于身体有一定的空间性而具有相应的空间性了。这一点可以作为一千五百年前的范缜对心理科学的一个独特可贵的重要贡献，也应该在心理学史上为之大书一笔的。附带可以注意到，由上引范缜的最后一段议论，可以看到他所说的“虑”或“虑思”也可以包括“情”和“性”（应是性格的意思）。这就说明他所说的“虑”是广义的思想的意思，不只是思维的意思。再，可以给范缜补充说明一句，就是，思想固然主要是和身体中一定的器官有关（现在知道是脑），但也并不是和眼、耳等器官完全无关。这一点亦许也可以由范缜自己所指出的“虑”和“知”的密切关系推导出来。以上论述了范缜有关人的心身关系问题所作的较有系统而十分精辟的科学性阐明。这样的阐明到现在不仅还没有显得怎样陈旧，并且还具有现今所很需要的清新气味。

但是，在其他方面，范缜还谈到两个问题，一个问题是，“圣人”和“凡人”有什么形体上的差别而有“圣”和“凡”的不同？他在这个问题上却相信了“八彩重瞳，勋华之容；龙颜马口，轩皞之状”这种无稽的传说，以为“圣人”“非唯道革群生，乃亦形超万有”，把“圣人”之类看成了一生下来就是这样。并且是奇形怪状的另一种人类。这不仅忽视了发展，也抹杀了学习。这就大大落后于荀况，而完全滑到某些人的反动骗人的拙劣唯心论圈子里去了。另一个问题是，既然“神灭”，为什么要建立祠庙，供奉鬼神呢？他回答说，这是圣人的立教如此，是鼓励人们的孝心，劝诫人们的偷薄的。是神道设教的意思。这就和用唯心论的反动实用主义给宗教辩护是一样的了。再，史书上和经传上都有关于鬼神的记载和说法一如实有其事，这是为什么？他面对这种问题，却表现得很尴尬，只能含糊其辞说“妖怪茫茫，或存或亡”，甚至用肯定的口气说“有人焉，有鬼焉，幽明之别也”。他还徒然给自己保全面子说：“人灭而有鬼，鬼灭而为人，则吾未知也。”这样，似乎“神灭论”和“有鬼论”就可以并行不悖了！这就等于是放弃了自己十分可贵的正确见解，而向庸俗思想以及他所要特别反对的一些佛教的反动唯心思想屈膝投降。这就表现了范缜由于自己的阶级局限性而还留下一条没有割掉的尾巴。这也就说明范缜和迷信思想以及佛家在思想上的矛盾只是地主统治阶级的内部矛盾。王充也显出同样的情况。因而他的令人赞叹的朴素唯物论思想却显出同样令人惊异的不彻底性，是不足怪的。

最后，范缜还明白交代了自己提倡“神灭论”的政治、社会目的。他说，他是为了驳斥那时已开始猖獗的佛教的理论基础，并企图清除佛教在政治、经济以及一般社会方面的严重危害性的。他设问说：“如此神灭，有何利用耶？”他的答复是：“浮屠害政，桑门蠹俗，风惊雾起，驰荡不休。吾哀其弊，思拯其溺。”那时地主阶级的封建统治已进入一个没落腐朽阶段。佛教正适合他们的黑暗统治和糜烂生活的需要，所以盛行起来。佛教思想是对那种黑暗腐朽的统治为虎作伥的。范缜大力给予针对要害的揭露和坚决的反对，是有很大进步意义的，但他的阶级局限性使他还没有摆脱所受到的起着同样帮凶作用的儒家思想的影响，因而在另一方面，又显得十分软弱无力。

王充写的《论衡》也有同样情况。王充在《论死》中宣传了一种“神灭论”，也是为了揭发地主统治阶级竞相厚葬的有害风气而说明人死无魂的。他说：“论死不悉（充分）则奢礼不绝，不绝则丧物索用（竭尽财用）。用索物丧，民贫耗之（乏），至危亡之道也。”由此可以明白看到，一种思想，一种哲学，一种学说，无论进步的还是反动的，都不是徒然的，都是直接或间接地和一定的政治或社会问题联系着的。不过，一种思想，无论怎样正确而具有战斗性，在腐朽的阶级社会中，凭他自己还很难发挥应有的作用。即如范缜的《神灭论》，虽然震动一时，引起了一番激烈的辩论和斗争，但不久也就归于寂静，佛教依然继续盛行，只作为一篇受到许多人赞扬的文章或作为一种宝贵的历史遗产而流传了下来。不过，它也像一颗富有生命力的种子落在严冬的土壤中，保存了生命，代表着历史的一种前进力量，到了春天就会发芽生长，所以终究不是徒然的。以上的评述主要归结到一点，就是，从荀况到范缜，可以再一次清楚看到，心身关系问题只有唯物论才能予以正确的解决。唯心论或心物二元论是无能为力的。因为在客观上，心和身是本然地不可分离地统一在一起的。

五、《荀子·天论》篇中有关心理学的十分光辉的唯物论论断[①]

荀况有不少很重要的有关心理学的看法值得予以珍视。

《荀子·天论》篇说："天职（大自然的职能）既立，天功（大自然的作用）既成，形具而神生，好恶喜怒哀乐臧（藏）焉，夫是之谓天情。耳目鼻口形能各有接而不相能也，夫是之谓天官。心居中虚，以治五官，夫是之谓天君。"这里所说的形是形体，即身体，同时也有结构的意义。神是精神，也就是灵性或现在一般所说的心或心理。有了自然界在起作用以后，由于具备了人的有一定结构的身体，就产生心理。这就是说，人的身体是首位的，心理是由此派生的。这是关于心理学上心身关系这个基本问题的一个正确而十分光辉的唯物论论断，尤其从时代之早来看更显得如此。好、恶、喜、怒、哀、乐六情或七情的说法大概在荀况之前就有了，不过荀况明白说明了六情是包含（藏）在"神"之中的，是属于由身体而产生

① 本文出自《中国古代心理学思想研究》（江西人民出版社，1983年2月第1版，第48页）之《关于荀况心理学思想的研究札记》（一）。题目采用《潘菽全集》（人民教育出版社2007年版）收入此文时所加题名。

的心理机能的一种形式。其次是说，耳、目、鼻、口、形是五种感觉器官。这里的“五官”之说和古希腊、古印度的说法完全一致。这是对很明白的具体事实的叙述，倒没有什么可以奇怪。但荀况明确说明“五官”是分工的接受器（“能各有接而不相能”）。既说“接受”，当然是接受从外在世界而来的影响。这也是一种可贵的唯物论论断。又说到“心”，说“心居中虚”。“中虚”显然是指胸腔。居于胸腔的“心”显然就是指心脏。古代人，尤其中国古代人，把人的心理活动归于心脏，显然是由于它居于身体的中央部位，是最活跃的器官，同时其自身又是中虚多窍的，是“血气”汇集的地方。还说到“心”和“五官”的关系。说“心”是“治五官”的。这和现在所说脑和感觉器官的关系基本上相同。由此最后说：“心”是一身的天然主宰（《内经》也有“心者君之官，神明出焉”的说法）。值得注意的是，这里所说的成为主宰的“心”具有实指的具体意义，不是像出于虚构而为宗教所宣扬的“灵魂”那样的东西。这也是一种应予肯定的唯物论看法。不过这里没有提到“心”的最重要的作用——思想，如《孟子》中所说的“心之官则思”，把“心”确认为思想的器官。《荀子》中讲到思想以及思想和“心”的关系的地方也是有的，但只是连带提到，尤其对于思想本身是什么的问题没有足够的说明。又，上面引的一段话是在《天论》一篇中说的，说“天职既立，天功既成”，然后“形具而神生”，因而也就有了好、恶等的“天情”，耳、目等的“天官”，和由“心”构成的“天君”等等。这都是强调说明人的身体及其器官和它们的机能都是来自自然界，以自然界为前提，是自然界的派生物，也就是自然界的一部分。这也杰出地表达了荀况的鲜明唯物论思想，完全摆脱了“天帝”“天神”这种宗教迷信意味。

第四章　天人论

一、刘禹锡的"天与人交相胜"比柳宗元《天说》具有较深刻的朴素辩证观点[①]

唐代刘禹锡的《天论》的中心论题是阐明人类生活和大自然既对立又统一的辩证关系的。这个对立统一的辩证关系也就是人的主体和外在世界的客体的对立统一的辩证关系的整个方面，是人们的心理活动本身所表现的对立统一的矛盾关系的一个主要来源。所以这也是和心理学有关的一个基本问题。刘禹锡对于"天"（大自然）的朴素唯物论见解比荀况显得前进了不少，比柳宗元在《天说》中所表达的看法也有明显的超过。柳宗元的《天说》只是有力地指出了天是没有意志的，既不有意要祸人，也不有意要福人，纯然是自然的现象，和人"各行不相预"（各行其是，不相干预。柳宗元：《天说》及《答刘禹锡〈天论〉书》，见《柳河东集》第16、31卷，上海人民出版社1974年版）。刘禹锡则强调说明"天与人交相胜"（《天

① 本文出自《心理学简札》，人民教育出版社，2009年9月第1版，卷九，第677页。

论》上篇），唯物地论述了人和“天”的相互关系（“天人之际”）。这在见解上就显得深入得多，并有了明显的朴素辩证观点。刘禹锡的《天论》原是因柳宗元的《天说》而引起的，是对后者确实作了必要的精辟补充。但柳宗元对刘禹锡的补充，除了其中一点以外，显得都不理解，认为不过是他的《天说》的“传疏”（注解），没有说出什么不同的道理（“无异道焉”），并且只讲到“枝叶”，没有接触到根本问题。（柳宗元：《天说》及《答刘禹锡<天论>书》，见《柳河东集》第16、31卷，上海人民出版社1974年版）这就怪了，但这是旁出的话。现在来考察，刘禹锡提出的重要论点。

重要论点之一就是指出，“天与人交相胜”，要认清楚“天人之际”，即人和大自然的相互关系，天和人是对立而又联系着的，不仅仅是“不相预”或“实相异”的。（《天论》上篇）

重要论点之二是指出：“大凡入形器者（成形的实在东西）皆有能有不能。……天之能人固不能也。人之能天亦有所不能也。”（《天论》上篇）这是刘禹锡所说“天与人交相胜”的根据。大自然能产生种种东西（“生万物”），起种种作用，制约着人；人也能起种种自己特有的能动作用以影响或征服大自然（“治万物”）。

重要论点之三是说：“天恒执其所能（固定不变地执行它所能起的作用）以临乎下（面对着地上），非有预乎治乱云尔（但并不参与人世的治乱）。人恒执其所能（人也总是执行他所能起的作用）以仰乎天（以对应大自然），非有预乎寒暑云尔（但并不能干预寒暑四时这种变化）。”（《天论》上篇）这是进一步阐明天和人在各“有能有不能”的前提下既“交相胜”但又有一定的界限。

重要论点之四是说：“天非务胜乎人者也。”“人诚务胜乎天者也。何哉？天无私，故人可务乎胜也。”（《天论》中篇）这是说，天是没有意志的，没有自己的目的或意图，就不一定要战胜人，而人是有意志，有为着自己的目的的，所以一心一意想战胜天。因为天没有意志，所以是无私而大公的，所以能听凭人照着它的脾气去克服它，使用它，而不对人作出抵抗或反击。这是人尽管可以努力去战胜天的根据。所以，刘禹锡虽然说“天与人交相胜”，但同时又注意到这种“交相胜”的关系并不是对等的，人可以取得完全主动的地位，而天则可以说完全处于一种被动地位，完全“不介意”人去战胜它，骑到它的身上去，仿佛很有“俯首甘为孺子牛”的风度。这是刘禹锡关于人和大自然的关系的科学性见解中很重要的一点。

重要论点之五是指出，当人们缺乏认识，不能掌握自己的行动结果或不能驾驭自然势力的时候，就会以为有什么神秘的力量或天神之类在摆布着他们，因而产生求天祷天这种迷信思想或行动。刘禹锡用水上航行作例子来说明这一点。他说，当人们在不大的河流中航行的时候，快、慢、行、止都可以由自己掌握，即使有风浪也能应付，即使有翻船落水的事故，也知道这是由于自己的过失，决不会有人疑神疑鬼的。但当在大江大海中航行的时候，情况就有不同（这是刘禹锡就那时的情况说的）。这时候，走得快还是慢，能到什么地方停泊，能在什么时候起航，就难于完全由自己控制，有了一点风云变化也会带来不测的灾难。行程的是否顺利成功或者会遭到失败，似乎一大部分要靠所谓命运。这时候就没有人不想到亦许有一种天神之类的力量在起作用（“舟中之人未尝有不言天者”）。为什么？因为不明白其中的道理（“何哉？理昧故也”）（《天论》中篇），因而觉得不能掌握自己的命运。这就是对人的宗教迷信之类从心理方面作出确切而令人信服的分析说明了。从时代之早来看，这也是一个十分光辉的见解。

重要论点之六是指出，事物的发生和变化都是有一定的规律的。刘禹锡仍用航行的例子来说：“水与舟二物也。夫物之合并（碰在一起），必有数（有必然的规律关系）存乎其间焉。数存，然后势形乎其间焉（在它们之间形成一定的动力作用）。一以沉、一以济（有的沉没，有的不沉没），适当其数，乘其势耳（都是由于碰上一定的规律关系，趁着一定的动力作用的缘故）。彼势之附乎物而生，犹影响也（一定的势因一定的物而产生，就像一定的物产生一定的影子或声响那样是必然的）。本乎徐者其势缓，故人得以晓也；本乎疾者其势遽，故人难以晓也（变动慢的东西的势缓和，故可以晓得，变动快的东西的势急促，故难于晓得）。”（《天论》中篇）这就是说，自然事物的变化都有一定的规律，有的变化慢而较易知道，有的急促而较难知道。

重要论点之七是指出，大自然的必然规律（“数”）和动力作用（“势”）都是恒定而不会无故变异的。刘禹锡说：“天形恒圆而色恒青，周回（运行的周期）可以度得，昼夜可以表候，非数之存乎？恒高而不卑，恒动而不已，非势之乘乎？今夫苍苍然者一受其形于高大而不能自还于卑小，一乘其气乎动、用而不能自休于俄顷。又恶能逃乎数而越乎势耶？”（《天论》中篇）这是说，大自然事物的“数”和“势”都是恒定而不会无故产生变异的，因而是完全可察知、可信赖的。

重要论点之八是说明，大自然的事物都不是无形的（“乌有天地之内有无形者耶？”），因此都有一定的规律（“不能逃乎数”）；但形有“粗”有“微”，因此形有眼睛能看到的

“粗”的形，有理智才能看到的“微”的形（“以目而视，得形之粗者也；以智而视，得形之微者也”）。以前的人所谓“无形”只是“无常形”而已（《天论》中篇）。这就是一种彻底唯物论的自然观了。这里也指出了因事物有不同，而需要有感知和思维两种不同的认识这一重要事实。

重要论点之九是指出，世界万物的不绝变化和发展是由于它们的相互影响、相互作用。刘禹锡说：“万物之所以为无穷者，交相胜而已矣，还相用而已矣。天与人万物之尤者尔。”（《天论》中篇）又说，人之本“在乎肾、肠、心、腹”，天之本“在乎山川五行。浊为清母，重为轻始。两仪既位（原作两位既仪，照《中国哲学史资料简编》改），嘘为雨露，噫为雷风。乘气而生，群分汇从。植类曰生（原书注：“生谓草木”），动类曰虫。倮虫之长，为智最大，能执人之理，与天交胜，用天之利，立人之纪（人的社会秩序或法纪）”（《天论》下篇）。这里的有些话，由于时代关系，说得颇欠确切，但主要的意思是明白的。那就是说，世界既有了天地或“阴阳”之分，就有相互的作用，因而产生了雨、露、风、雷，种种无生物和有生物，由“浊”的产生“清”的，由“重”的产生“轻”的，由低级的产生高级的，由简单的产生复杂的，而千万种“群分汇从”的东西又能“相胜”“相用”，因而产生无穷的变化发展，而包括一切的大自然（天）和智能最高、成为“倮虫之长”的人则不过是万物之中最突出的（“万物之尤者尔”）。两者的“相胜”“相用”也不过是万物的“相胜”“相用”的一种独特情况，但人能发挥自己特有的作用，“与天交胜，用天之利”，以建立社会的生活制度。这里的主要意思是说，天地万物，包括人类，不绝的变化和发展都是由于它们自己之间的相胜、相用所产生的，并不是由于什么另外原因。这种看法也就是一种彻底的唯物论自然观的清楚表现。

重要论点之十是强调说明，人要能胜天，必须有合理的社会条件。社会条件越合理，人也就越能胜天。刘禹锡认为：“人能胜天者法也（因为法制）。法大行则是为公是，非为公非，天下之人蹈道（遵循着道理办事）必赏，违者必罚。……法大弛则是非易位（颠倒），赏恒在佞（总是给不正派的人）而罚恒在直（总是使正直的人受罚），义不足以制其强，刑不足以胜其罪，人之能胜天之实尽丧矣。……法小弛则天人之论驳焉（对“天人之际”的理解混乱）。今以一己之穷通（现在要凭一个人遭遇的顺利不顺利）而欲质（质问，论证）天之有无（有没有天道），惑矣！……生乎治者（生活于治世的人），人道明（明白人的道理），咸知其所自，故德与怨不归乎天。生乎乱者，人道昧（不明白人的道理），不可知，故由人者举归乎天（把由于人的事情都归之于天）。”【《天论》上篇。荀况说，“错人而思天，则失万物之情”（《天论》），也有这样的意思。】这里有些说法也欠确切，尤其缺乏对他来说是难于要求的阶级分析观点，但主要的意思仍是很明白的。那就是说，要人能胜天，必须有合理的社会条件，要有在“法制”之下的“公是公非”，要有人与人之间的正确关系。否则人能胜天的实质就要完全丧失掉（“尽丧矣”）。要仅仅凭单个人的遭遇如何来谈“天”怎么样，就大惑不解了！（“惑矣！”）从历史上看，事实就证明刘禹锡这个言论是很对的，是独特深刻的。在人剥削人、人压迫人的阶级社会中，人胜天或利用天的能力总是要受到很大的限制或甚至完全丧失。把我国解放以后的情况同过去整个历史时期那种常因人祸而导致悲惨的天灾或生产力长期落后以致人民老是挣扎于困苦之中的情况相对照，也就可以很清楚地看到刘禹锡这个论点是多么正确，多么精辟。他所说的“法大行，则是为公是，非为公非”的社会情况在过去从来没有实现过，在任何阶级社会中也决不会实现。因此，“人能胜乎天”的力量，在过去其实从来没有好好发挥过。过去的历史总基本上不是“人道明，咸知其所自”的历史，而是“人道昧，不可知，故由人者举归乎天”的历史。并且，在阶级社会中，剥削阶级还总是有意要大大制造“人道昧”的情况来蒙蔽被剥削阶级而同时也麻醉自己。

刘禹锡对于这几点，由于时代和阶级地位的局限，当然还不会很清楚地认识到。但他也已明白注意到，“人能胜乎天”决不仅仅是单独个人的事。他说，在“天人之论驳”的时候，要单凭个人的穷通来论证天道是怎样，那就太糊涂了（见上引）。刘禹锡这个第十个论点是最精辟而在我国历史上是十分难得的，虽然他自己的认识还不很清楚，并且由于不明白阶级对抗的关系，也不会很清楚。他的第四、第五两个论点也是很精辟而独到的见解。归总起来看，刘禹锡在他的《天论》中所表达的关于人和大自然的关系的朴素唯物论见解是十分深刻，而就他的时代来看，是具有独特进步的、丰富内容的，是对“天人之际”的问题经过平时深入考察的结果，和在他之前的而尤其是后来的唯心论思想家抽象的架空想象之谈形成了思想上两条道路的鲜明对照，并且也比荀况和王充都迈进了很大的一步，同时也明显地超过了柳宗元，在我国古代思想史上确乎是光芒突出的。柳宗元认为刘禹锡的见解并没有超出他的范围，这未免是一种心高气傲的表现。

可遗憾的是，刘禹锡的《天论》显得是因临时触发而才写出来的，对自己的见解似乎并没有阐述得足够系统而充分，有些表达还不很明确而太简约，虽然基本论点是可以明白辨认得出的。他所没有能考虑到的问题有两个。一是，阻碍“人能胜乎天”的力量的发挥的最主要的因素是社会中阶级的分化和对立。这一点，由于他所处的时代和阶级地位，当然不能对他提出要求。他所说的“法大行”这种美好社会，在过去完全只能存在于理想之中。再一点是，他没有明白注意到人和大自然最基本的关系在于生产斗争。这个忽视却难于用他的阶级地位和历史时代来说明，因为在他之前已不乏和他属于同样社会地位的人强调了生产斗争方面的问题，例如写《齐民要术》的贾思勰。此外，他也没有能注意到“人能胜乎天”的界限不是固定的，是因历史的发展而发展的，如现在在海洋中航行可以和在小河小港中航行一样了。刘禹锡给自己声明说，他的“天论”不是像天文学那样论天的，而是要探索人和大自然的关系，即“尽天人之际”的。“天人之际”这个问题确是一个很有必要对它取得正确的理解和对待态度的基本问题。同时可以看到，这也是一个和心理学有关的重要问题。从刘禹锡的《天论》可以看到，他确乎是一个很杰出的朴素唯物论思想家。但像《天论》这样有分量的卓越论著，他只写了一篇，而且还似乎是因临时触发而写出来的。如果没有柳宗元的《天说》，可能就不会有他的《天论》。那时代的知识阶层几乎都以统治者所奖励的诗文相尚。他也受到这个影响而以诗文驰名而没有能更多发挥自己的理论才能。这是封建统治的一个罪证。但他对自己的那种才能是有所认识的。他在《祭韩吏部文》【《刘宾客文集》（旧刊本）卷十】中说，“子长在笔，予长在论”。这是说韩愈长于文笔（写文章的技巧或艺术），而他自己则长于论说（论证，理论）。这确是对韩愈和他自己的恰当评价。

二、从刘禹锡的《天论》中正确对待“天定胜人”和“人定胜天”问题[①]

不多年前，有人用“‘天定胜人’和‘人定胜天’”的题目写了一篇文章（陈仲平：《“天定胜人”和“人定胜天”》，载《学术通讯》1962年第3期，第14—21页）。这个题目很容易使人联想到刘禹锡论证“天与人交相胜”的道理的《天论》。但前一篇文章并没有提到《天论》，似乎和《天论》并没有思想上的联系。它是根据辩证唯物的观点讨论“客观和主观，必然和自由”（该文的小标题）的对立统一关系的。这篇文章也是有为而发的。据说有一个在农村工作的人在

① 本文出自《心理学简札》，人民教育出版社，2009年9月第1版，卷九，第685页。

通信中说到多年来把“人定胜天”当作座右铭，现在经过许多教训之后，却对它发生了怀疑。另外又有一个人在学习中提出“人定胜天”这句话究竟对不对，是否含有唯心论的成分这样的问题。所以那位作者觉得把客观和主观以及必然和自由的辩证关系阐明一下仍有必要，“在理论和实践上都仍然有极其重要的意义”。可见刘禹锡谈的那个老问题，在今天仍然存在，并且在今后的长久年代中，还会存在，并可能是一个相当永久的问题。人类或者说整个社会归根到底还是要依靠大自然，利用大自然（刘禹锡所说“与天交胜，用天之利”）才能生存，才能发展。显然，人类对自己和大自然的关系怎样取得正确的认识，并建立正确合理的关系，乃是一个十分重要的问题，是在人类的继续存在中必然要继续处理的问题。前一篇文章的作者把客观和主观、必然和自由的关系论述得相当透，指出人可以通过对必然的认识而对客观世界取得相应的自觉能动性，并且这种自觉能动性的取得是一个发展的历史过程。这当然是很对的。但这篇文章的一个缺点是把天和人看作处在一种对抗的地位，没有注意到天是没有意志的，如刘禹锡和柳宗元所指出的。刘禹锡更指出“天非务胜乎人者也”（天并不是想尽方法要胜乎人的），而人是“务胜乎天者也”（见前一条引）。所以，在人和天的关系中，天其实处于一种被动地位，只有人的一边有自觉的主动性，所以，人有充分发挥他的自觉能动性的可能，如刘禹锡所说“故人可务乎胜也”（见前一条引）。因此，把“天定胜人”和“人定胜天”对等起来的说法是不恰当的。此外，“人定胜天”和人对“人定胜天”的认识的社会条件，如刘禹锡所着重指出的这个重要的问题，这篇文章虽然接触到，但还没有足够予以注意。再有一点，就是这篇文章把“天”和客观等同起来，因而把天也包括社会来说。这是一个不小的错误。刘禹锡早已指出，“天人之际”的人决不能只是指个体的人。所以，这里的人是指社会中的人，是指集体的人，是指人类而言，因而也就含有全社会的意义。站在任何个人的立场上来谈“天人相胜”或“天人之际”的问题，那的确是“大惑不解”的。

三、对刘禹锡关于天人关系的光辉见解，心理学所应注意到的三个要点[①]

对刘禹锡在《天论》中所表达的关于天人关系的光辉唯物论见解，还应该补充三点。

第一，刘禹锡所阐明的“天与人交相胜”的关系的“人”

① 本文出自《心理学简札》，人民教育出版社，2009年9月第1版，卷九，第687页。

不是指个别的处于孤立状态的人，而是指社会中的人或人类社会的。这一点从《天论》整篇的议论可以看到。他说："法（社会秩序或法纪）小弛，则天人之论驳（杂乱）焉。今以一已之穷通而欲质天之有无，惑矣。"这是说，要仅仅从个人的遭遇如何来论证大自然的作用怎样，那是大惑不解的。他的全篇文章都从反面说明了这一点。很明白，作为一个孤立的个人，连自己的生存也不可能，哪里还说得上和大自然的"交相胜"呢？只有当人和人之间建立了一定的合理关系，才能实现胜天的能力而借以生存并得到发展。这种关系越好越合理，人类的胜天能力才能越发挥出来，因而人和大自然才能形成越合理的关系。这是刘禹锡所提出的最主要最可宝贵的见解。这一见解从其历史时代看，更显得十分难能可贵。这在我国古代思想史上显得是一个很突出的峰峦。刘禹锡这个重要论点对于人的心理的历史发展问题也密切有关，因而也就成为心理学所应该注意到的一个重要问题。

第二，"天与人交相胜"并不是这个世界中的唯一现象。刘禹锡说："万物之所以为无穷者，交相胜而已矣，还相用而已矣。天与人万物之尤者尔。"所以自然界的一切东西都是"交相胜，交相用"的，人只是"倮虫之长，为智最大，能执人之理（着重号为笔者所加），与天交胜，用天之利"的一种东西。所以，“天与人交相胜”不过是构成这个世界中万物无穷的“交相胜、交相用”的一种。但人具有特殊高度的主动性，远非其他动物所能比得上而已。这样就说明刘禹锡对自然的看法是彻底的唯物论看法，而人和大自然能交相胜的道理也就更不难理解了。其实，人也就是“天”的一个特殊部分。这样，刘禹锡的“天论”就不仅否定了机械论的“命定天命论”，也大大补充了“天人不相预”论而具有颇高的辩证成分了。

第三，有一种意见认为刘禹锡在《天论》中的一个重要贡献，是说明了自然规律和社会规律的本质不同，即指出“天之道在生植，其用在强弱；人之道在法制，其用在是非”（《天论》中篇）。不错，刘禹锡的《天论》是有这个也是重要的论点的。不过，他提出这一点却是为了更好更正确地说明人和大自然的关系。他的《天论》的主旨，如他自己一开始就声明的，是在于“尽天人之际”，即对于大自然和人类的相互关系“极其辩”（作充分的全面的论证）。“天人之际”的问题确实是一个重大问题，对于理解人的心理及其发展也很有关系，而刘禹锡对这个问题也确实作出了基本上合乎科学的辉煌论述。其实，照刘禹锡深一层的见解，“天之道”和“人之道”是交融在一起的，并不是各自分开的。

此外，应该附带提到，刘禹锡还有一个值得注意的有关认识问题的论点。他强调指出自然界一切东西都是有形的、实在的，但形有“粗”和“微”的区别。形“粗”的东西可以目视，即通过感知觉而认识到；形“微”的东西则要以智视，即通过思维而认识。这就是说，客观事物有形“粗”形“微”的不同，因而人对它们的认识不但要有感知觉，也要有思维。这是一种全面的关于人类认识的理论。这是和全面的唯物论自然观相一致的。只有全面的唯物论才能得出全面的关于人类认识的理论。

四、王安石的短文《老子》中所阐明的关于人和大自然的关系的光辉思想[①]

王安石的一篇短文《老子》（《王文公文集》第27卷，上海人民出版社1974年版，第310—314页）在实质上也是阐明人和大自然的关系这个重要问题的。他的基本主张是，人在和大自然的关系中要有作有为，但人的作为不能不有一个界限而有所不为。这就是他所强调指出的有为和无为的关系。

① 本文出自《心理学简札》，人民教育出版社，2009年9月第1版，卷九，第704页。

老子是片面强调无为的消极主义者，所以他用批判老子的思想的形式来表达他的观点。他说：“道有本有末【世界事物产生和发展的途径（“道”原是老子的一个具有特殊意义的名词，这里作了抛弃神秘唯心意义的理解）有根本的和末节的这种差别】。本者万物之所以生也（万物产生的根本途径或规律）。末者万物之所以成也（万物达到成就的末节途径）。本者出之自然，故不假（凭借）乎人之力而生也。末者涉乎形器（有关特殊的事物），故待人力而后万物以成也。夫其不假人力而万物以生，则是圣人可以无言也（？）无为也【人（“圣人”的说法是错误的，应说一般的人）可以不去说，也不去有所作为】。至于有待于人力而万物以成，则是圣人（人）之所以不能无言无为也。……故圣人（人）唯务修其成万物者，不言其生万物者【人只要努力从事于成万物的事情而不去谈（谈也不谈，这是很错误的。不谈则所谓“界限”就要成为僵化的鸿沟）生万物的事情】。盖生者尸（主宰）之于自然，非人力所得而预矣。”王安石在这里强调指出，人不能奉行无为主义，必须有作有为，必须和大自然斗争，但人对大自然的作为也要有一定的界限，要结合着一定的无为。从基本上看，这无疑是对的，是一个很值得注意的问题。作为一个抽象的原则，可以说在实践中的人大家都知道，并且不能不这样做，但未必清楚理解。有些人对“人定胜天”或人们的主动性作片面的、不切实际的、形而上学的理解，因而结果陷于失望或悲观，就是由于不了解有为是有具体条件所决定的界限的，不能不和一定的无为相结合（如前条引《“天定胜人”和“人定胜天”》一文中提到的那两个人就是这样）。但是，主要的问题在于，在具体的实践中怎样能恰当注意并辨明有为和无为的界限。要能善于辨明这个界限，人对大自然的斗争才能有正确的思想指导，才能得到最好的效果。但是，这种界限又不是固定不变的，尤其从历史看是如此。由于人对自然的认识和改造自然的能力逐渐扩大并提高，纯粹自然状态的而不受人干预的东西就逐渐减少。如农作物的生长过程，虽然不能拔苗助长，但人越来越能予以恰当的促进或控制。这就说明原来“非人力所得预”的自然事仍可以在一定限度内逐步成为“人力所得预”的了。不过人的作为总不能不依靠着大自然，决不能违反自然界的客观规律办事。至于对自然的斗争所常受到的社会条件的限制和阻碍则是另一问题。所以，无为的部分总归是有的，总是必要的。王安石还就老子所说“三十辐共一毂，当其无，有车之用”这句话指出，老子企图用这种例子来强调说明“无”有重要的作用，但不知道有了辐和毂才有所谓“无”的作用而成为车子。如果只知道“无”的作用，而不去做成毂和辐，那么那种造车子的办法就太不行了。他由此联系到实际问题，指出有些人只知道无为的作用，而不知道它的所以起作用，因而对于社会人事问题也主张无为，那就近于愚蠢了。这就说明，要尽到人力才能发挥自然的作用，要把有为和无为恰当地结合起来。这也就是说，要恰当尽到人的作用以解决人和大自然的矛盾关系。这是对老子思想切中要害的批判。

王安石在另一篇短文《太古》（《王文公文集》第27卷，上海人民出版社1974年版，第310—314页）中，也强调说明了人必须有作有为。他指出：在原始社会中人和动物差不多。人为了改善这种状况，所以有种种“制作”，有了文化，发展了社会。因此也产生了某些问题。有的人不知道怎样去解决这种问题，却主张复古。这是要人类回到动物状态去的。这不是愚蠢就是胡说八道。王安石这样强调人必须有作有为的积极精神，确乎使他和当时许多颂古非今的迂腐儒家形成了鲜明对照。这是他基本上站在朴素唯物论方面，关心社会，留意人民生活，重视实际问题，主张前进的思想的明白表现。这种思想也就使他注意到人和大自然的矛盾关系这一基本问题。但王安石由于自己的阶级局限性和所处的时代，当然不会了解到他所感觉到的许多问题都有一大部分来源于社会中的阶级分化，来源于人剥削人、人压迫人的关系。同样，他也不会看到人民大众的力量而只能看到“圣人”，他的有作有为不能找到恰当的途径，也就不足怪了。因此，他心目中的那种有作有为在当时只能起很小的作用，甚至敌不过顽固势力而行不通。但他那种积极前进的思想也激励了一些人，启发了一些人，因而起了应有的一定的历史作用，成为思想史上一个光辉的前进里程碑。

第五章　性习论

一、习与性成[①]

中国古代关于人性的形成与发展的理论，又称性习论。“习与性成”，传说是商代伊尹告诫他的年轻君主太甲的一句话。清初的王夫之把它解释为：一种习形成的时候，一种性也就和它一起形成了。所谓习，有两层含义：一是指在一定措施和一定教导条件下的有意的学习；二是指习染，即一个人在生活实践中、在与别人的交往中所取得的经验教训和所获得的智能上的增长。一个人有所习，就是在他的做事能力、知识、技能、性格以及在社会事务中所起的作用等智能方面有所增益或其他的改变。所谓性即人性，也就是人的性能，是指他能做什么事、有什么技能、有哪种专业知识、在社会事务中能起什么作用、性格如何等。人的性，只从抽象概念方面思辨是不容易说清的，只有从他们具体性能方面的具体表现去分析考察才能取得恰当的了解。

① 本文出自《潘菽全集》，人民教育出版社，2007年7月第1版，第七卷，第498页。

人性可以分为“生性”和“习性”两种。人经过一定的自然生长发展过程形成的性，可以称为生性，即人的自然本性；人出生以后经由学习而来的习成的性，可以称为习性，即人的获得本性。人的生性只有很少的几种，而习性则是大量的，并且因社会的继续向前发展其发展的可能性是无限的。人的生性和习性的关系颇近似于人的心理发展中先天因素和后天因素的关系。应当提出的是，习与性成是说习与性一起形成，但并不是说人的性的形成要完全靠外因。就习的两层含义中，习染确有较多靠外因的被动成分，学习却一般是主动的、有意的，不全靠外因，就是习染也不一定全靠外因，只是习与性成的说法确实偏重外因。

习与性成是一个具有高度科学性的论断，是中国古代思想家提出的极为可贵的心理学思想。自伊尹提出后，对后代人的影响十分久远，直至近代。其间，孔子曾提出“性相近也，习相远也”的命题；并说“少成若天性，习性成自然”。在秦汉之际，习与性成的理论相当流行，后来渐渐讲的少了。到了明清之际，这个理论又受到了重视。明代王廷相的心理学思想显然是受“习与性成”的思想影响并且主要是从“习与性成”的理论出发的。王夫之则专门对“习与性成”这个论断作了较详细的阐述。他说：“习与性成者，习成而性与成也！”也就是说，习与性成的意义是指出习的形成是和性的形成联系在一起的。又说：“夫性者生理也，日生则日成。”这里，虽然他把习完全抛开是不对的，但指出了习与性成的一个重要意义，就是他用日生日成的比喻说明人的性能并不是一生下来就定终身的，而是在从生到老的发展变化中逐渐增益变化的。

二、性习论是中国古代思想家讨论得最多有待发扬光大的科学原理[①]

讲到性习论的问题。“性”（或者说人性）这个问题是中国古代思想家讨论得最多的一个问题。这里有两个问题。一是性的善恶问题。这个问题讨论得最热烈而意见也最分歧，却和科学的心理学关系不大。这里的性恶还是性善的问题的讨论大都从抽象概念出发，所以讨论了两千多年而很少人得出积极的结果，仿佛像西方近代关于遗传和环境的问题。这一问题可以不去多说。另一个是关于性的最重要的问题，尤其对科学的心理学特别重要，也和遗传和环境的问题有一定的关系。在中国古代前期的思想中对此问题也曾有过很科学的见解，但到魏以后也受到了湮没和忽视，只有个别的人还提到他。这也和佛家

① 本文出自《心理学简札》，人民教育出版社，2009年9月第1版，卷十，第901页。

思想和理学思想大为泛滥不无关系。这里所说的这个很合乎科学心理学的可贵的见解到了明清时代却得到了突然的发展，到清代中期还有人在实际上崇奉了这个见解。这个见解就是性习论，即性和习的关系的理论。这个理论就是“习与性成”的理论。这个理论在中国发生很早，可以追溯到商代初年（即三千几百年之前）。“习与性成”这句话是伊尹告诫太甲时所说的（这里的根据是《古文尚书·太甲》。有一种意见认为《古文尚书》是伪书，不足据。笔者则以为所述历史事实应有所据，不会彻底伪造，故非全部不可信。如伊尹告太甲的话的可能性是高的）。这句话的意思是说人的学习或实践的结果会成为和性一样而成为性的一部分。这是一句合乎科学心理学而非常光辉夺目的话。它很正确地解答了或说明了“性”和“习”的关系的问题。这可以成为科学心理学上一个根本原则。后来的孔子似乎是采用这个原则的。他很重视“习”。《论语》上开头一句话就是说：“学而时习之，不亦说乎？”（《论语·学而》）这是说，学了以后还常常去复习或实践它，这不是使我们得到进步而感到高兴的吗？他又说：“性相近也，习相远也。”（《论语·阳货》）说人们在性方面是差不多的，但由于习的结果而差别很大。这都是强调习的，是很对的。孔子又说：“少成若天性，习贯（惯）如自然。”（《孔子家语》）

这是明白赞成“习与性成”这个理论的。然而他又说：“唯上智与下愚不移。”（《论语·阳货》）这又显然承认了“习与性成”还有例外，这是说明他对“习与性成”这个原理不免是半信半疑的。但他的一个后代当过战国后期魏国的相的孔斌有一次对赵孝成王说的一段话中也曾引到伊尹所说“习与性成”这句话。（《孔丛子·执节》）他有一次对魏王说：“作之不止，乃成君子。……昔我先君夫子，欲作（学习的意思）文武而至焉。作之不变，习与体成（习与性成的另一种说法）。习与体成，则自然矣。”（《孔丛子·执节》）这说明孔子自己是照“习与性成”这一原则做了的，并说明“习与性成”可能是孔门家学中的一种传统思想。战国末年的荀况非常重视学习。他认为人的本性是不善的，要靠学习才行。所以他把《劝学》篇放在全部著作的首位。传说墨子也曾有哭染丝的事，认为染于苍则苍，染于黄则黄（《论衡·率性》），显得在春秋战国时代，“习与性成”曾是一种流行的思想。到了汉代这种思想仍然流行。贾谊在《陈政事疏》中讲到对太子的教育的重要性时说：“夫习与正人居之，不能毋（弗）正，犹生长于齐不能不齐言也。习与不正人居之，不能毋不正，犹生长于楚之地不能不楚言也。故择其所耆（嗜），必先受业，乃得尝之；择其所乐，必先有习，乃得为之。孔子曰‘少成若天性，习贯（惯）如自然’。”（贾谊：《陈政事疏》）他又说：“习与智长，故切而不媿（愧），化（教化）与心成，故中道若性。”（贾谊：《陈政事疏》。着重号为笔者所加）这里把“习与性成”的道理说得很明白，并说明了贾谊的这种理论是由孔子而来。后两句话简直就是套用了“习与性成”这句话的。稍后的唯心论者董仲舒也受到这一理论的影响。他说：“质朴之谓性，性非教化不成……下务明教化，以成性也。”（董仲舒：《对贤良策》。着重号为笔者所加）这是明白说明教育和学习是所以使性形成、成长起来的手段。这就是“习与性成”的中心意义。到了后汉时王充也阐明了“习与性成”的原则。他说：“善渐于恶，恶化于善，成为性行。”（《论衡·率性》。着重号为笔者所加）他又说：“传曰，‘譬犹练丝，染之蓝则青，染之丹则赤。’十五之子其犹丝也，其有所渐化为善恶，犹蓝丹之染练丝，使之为青赤也。青赤一成，真色无异。……人之性，善可变为恶，恶可变为善，犹此类也。蓬生麻间，不扶自直；白纱入缁，不练自黑。彼蓬之性不直，纱之质不黑，麻扶缁染，使之直黑。夫人之性犹蓬纱也。在所渐染而善恶变矣。”（《论衡·率性》。着重号为笔者所加）在这里，“习与性成”的思想影响还可以明白看到，但已有偏差。因为王充把习可成性说成善恶可互变了。如果练丝的比喻如王充的解释，是指善恶可互变，则也包括恶渐染成善，为什么扬子和墨子都要哭呢？这一偏差不是偶然的，因为他原来是主张性有善恶的。他在《本性》篇中评论了世硕以下孟轲、荀况、告子等人关于的“性”的理论，最后得出结论表示赞同世硕的观点，说：“实者（事实上），人性有善有恶，犹人才有高有下也。高不可下，下不可高。”这和孔丘的看法差不多。所以他对于习与性成的理解也有些限于表面，是半心半意、将信将疑的。他的论证所用的逻辑也是较浮浅的。王充之后几乎一千年之间，不知还有谁了解“习与性成”这个原则。

到了宋初的欧阳修在论性时才又予以引证。但他似乎并不很了解“习与性成”这句话的实在意义。他说：“《书》曰‘习与性成’，《语》曰‘性相近也，习相远也’者戒人慎所习而言也。”他还说了一些其他的话，说明他是把“习与性成”这句含有独特重要意义的话只理解为告诫别人“慎所习”。当然“慎所习”的意义也是有的，但远不止此。由于他作这样的理解，所以把各种关于“性”的不同说法（包括“习与性成”）认为在用意上都是一样的（“推其言则殊，察其用心则同”）。（这里所引均见欧阳修《答李翊第二书》，见《王荆公年谱考略》，人民出版社1974年版，第236—237页）好大一个调和论者！所以，欧阳修对“习与性成”的理解还是很表面的。也可说，在欧阳修的心目中，“习与性成”这一具有很重要意义的话已形存实亡。不过这可以表示汉魏以后千年之间仍还有人记得这句话而没有完全被忘记就是！以后，再过了约五个世纪，到了明代中期的王廷相才又点起了“习与性成”的火。他是非常重视“习”的。他说：“婴儿在胞中自能饮食，出胞时便能视听，此天性之知，神化之不容已者。自余因习而知，因悟而知，因过而知，因疑而知，皆人道之知也。父母兄弟之亲，亦积习稔熟然耳。”（《王氏家藏集》卷五十五，《雅述》上篇。所有着重号皆为笔者所加）这里的“悟”“过”“疑”也都属于习的性质，故照他所说婴儿生后的一切都是积习而成的。即使父母兄弟的亲爱感情也是这样。这样说是符合于“习与性成”的基本含义并符合于事实。由此推而论之，他说：“则诸凡万物万事之知皆因习因悟因过因疑而然，人也，非天也（都是后天的，不是先天的）。……况礼乐名物，古今事变，亦必待学而后知哉？”（《王氏家藏集》卷五十五，《雅述》上篇。所有着重号皆为笔者所加）这一论断无疑是完全正确的，因而也就是十分光辉的。可以说王廷相是对“习与性成”这个原理作恰当阐明和确切论证的在贾谊以后的第一个人。他又说：“理可以会遇，事可以类推，智可以索解，此穷通知化之妙用也。彼徒务虚寂，事讲说，而不能习与性成者夫安能与于斯。”（《王氏家藏集》卷三十三，《石龙书院学辩》。着重号皆为笔者所加）这就是说，人要踏踏实实做事，结合实际学习，就会积习而成为本性，就能对事理举一反三，触类旁通，决不是不务实际，好讲空话所能做到的。这里，王廷相也明白提到了“习与性成”这句话，说明他以上所述关于性的见解是和“习与性成”这句话很有联系并由此而得到发展的。同时也说明他所理解的“习”也含有“行”或“实践”的意义。这正是“习与性成”的要求。到了明末清初的王夫之也显然受到“习与性成”这一科学见解的影响。他首先对这句话作解释说：“‘习与性成’者，习成而性与成也。”（《尚书引义》卷三，《太甲二》）这是对的。这就是说，积习形成了，性也和它一起形成。他又申说：“夫性者，生理（生之理）也，日生而日成也……是人之自幼讫老无一日而非此以生者也，而可不谓之性哉。……故性屡移而异。未成可成，已成可革。性也者岂一受成形，不受损益也哉？……非必初生之有成形也。……初生之造，生后之积，具有之也。具一性于初生之顷，为一成不易之形，揣之（以善恶）……岂不妄哉？”（《尚书引义》卷三，《太甲二》）以上把王夫之的一篇话作了一些删节，显出了他的理论的正确方面。例如，他强调指出“习与性成”是天天的事（“日生而日成”），是终身的事（“人之自幼讫老无一日而非此以生者也”）。又如说性是常在变化的（“屡移而异”），不是一成不变的（“岂一受成形，不受损益也哉？”）。这都很对。至于被删去部分却显示了他的思想不正确或错误的方面。他的主要错误在于把“习与性成”篡改为“生与性成”。他错误地一无理由地强调了“生”，而这里最重要的“习”却几乎不见了！这是根本的错误。他把“性”理解为自然影响或供应的结果。他称自然为天。因此，他把自然对人的影响或供应称为天命。他说：“命之自天，受之为性。终身之永，终食之顷，何非受命之时（？）。皆命也，则皆性也。”（《尚书引义》卷三，《太甲二》）他又承认性有善恶，说：“善与不善，性皆实有之……皆气禀之有，不可谓天命之无。”（《尚书引义》卷三，《太甲二》）这些地方都表现他还没有能完全跳出理学家的框框而陷于迂腐。不过他对“习与性成”的基本意义还似乎是了解的。他说：“故言性者户异其说，今言习与性成，可以得所折中矣。”（《尚书引义》卷三，《太甲二》）不过他还是理解得不够确切。因为不仅可“得所折中”，简直都可以完全偃旗息鼓了。到了清代中期稍后的龚自珍，虽然他并没有提到“习与性成”这句话，但他的性论是奉行了“习与性成”这个原理的。他完全主张学习的作用，认为一切都在于习染或积习。他自己说：“龚氏之言性也，则宗无善无不善而已矣。善恶皆后起者。”（《阐告子》，见《龚自珍全集》，上海人民出版社1975年版。着重号这笔者所加）这就是说先天的性是无所谓善恶的。善和恶都是后来得到的，是后天的习染的结果。如果人有善的性和恶的性的话，那都只能是由积习而成的。这也就是“习与性成”的基本意义。所以我们可以说龚自珍虽然没有引征“习与性成”这句话，他是崇奉“习与性成”这个原理的。他申言说：“夫无善也，则可以为桀矣（因为没有善的，故可以因习染而成为恶人）。无不善也，则可以为尧矣（因为没有不善的，故可以因积习而成为好人）。”（《阐告子》，见《龚自珍全集》，上海人民出版社1975年版）他接着说知道尧原本和桀没有不同，所以荀况产生了性恶的说法。知道桀原本和尧没有不同，所以孟子有了性善的辩论。做了尧，性并不增加了繁茂。做了桀，性并不增加枯萎。做了尧，性中的桀并没有跑掉。做了桀，性中的尧也同样没有跑掉。既然如此，尧和桀是互为主客，互相起伏，而不是互相排斥的。（《阐告子》，见《龚自珍全集》，上海人民出版社1975年版）这里的论断十分精辟，龚自珍这些言论说明他对性的问题作了很深刻而透彻的分析考察，达到了前人所未能达到的深度，因而也对性和习互相之间高度辩证的关系作了十分深入的阐明。但他的这一番论证使人在赞佩之余也感到一个问题，就是未免有些过了头。例如，一个好人和一个坏人，他们原来可能是一样的或者相差很少。并且做成了好人的人可能仍有一些在那坏人身上可以找到的情感、习惯、知识、技能等等，反过来也是这样。所以确如龚自珍所说，这两人可以互换主客的位置，互相比比高下，而不是完全互相排除的。这就说明了他们之间充分的辩证关系。然而这只是一个方面。另外一个方面是既成了好人要由于习染而完全变为坏人，有可能，但很非容易。反过来也是同样。所以一个既成好人的人和一个既成坏人的人之间终究有了一种不能忽视也难于抹杀的差别。这是龚自珍所忽略了的。所以他是把问题说过了头而出现了偏差的。这也是辩证过了头的一种表现。告子是我国两三千年纷纷谈性的人中谈得比较最正确、最符合科学心理学的一个人。他主张“性无善无不善”（《孟子·告子上》），他这个主张完全和“习与性成”这个原理相一致。所以告子一定是一个最了解因而最推崇“习与性成”这一真理的人。他却在两千多年中一直受到除龚自珍外所有说性的人的贬抑和谴责。这是我国学术史上一个经历两千多年的大“冤案”，以王夫之这样一个开敞的思想家也竟跟着许多人贬抑告子。王廷相是在我国近古期中很少的真正懂得“习与性成”这一光辉思想的人之一。所以他在人性的理论上是无形中和告子完全站在一起的。龚自珍是两千多年之后能发现告子在性论上是完全正确的唯一的一个人。他特别写了一篇《阐告子》来给告子张目或者说伸冤。龚自珍关于人性的学说完全是宗奉告子的，因而也就在实际上完全宗奉“习与性成”这一科学原理。龚自珍的特别可贵处还在于能考察到“习与性成”这一原理以及告子的性说所含有的深刻的辩证性。然而他只考察到这个辩证性的一面而有点过了头，因而陷于忽略了另一面的偏差。“习与性成”这个我国远古时期就已知道了的符合科学心理学的伟大真理正还有待于我国后继者去光大发扬。

三、“习与性成”是我国古代思想家一个十分光辉的、可贵的科学论断[①]

“习与性成”这句话，从心理学看尤其从它的古老来看，不能不承认它是一个十分光辉的、可贵的科学论断。它闪烁着三千多年前我国古代人所已有的高度智慧。在这里还应该再给它阐明几句。这里的基本问题是个人的心理，也可以说人的主要机体特性的具体表现是怎样形成和发展起来的？考虑到这个

① 本文出自《心理学简札》，人民教育出版社，2009年9月第1版，卷十，第927页。

问题就不能不考虑到人的心理所赖以发生和存在的人身机体。人身机体方面如有发展变化，必然会影响到人的心理方面的发展变化，虽然人的心理方面的发展变化又是和客观事物的影响分不开的。一个人或幼儿因一定的原因而产生了一定变化的机体，由于受到一定客观事物的影响而引起某种心理活动并通过这种活动而和那事物以及其他的事物产生了一定的联系。这就是这种心理活动的产生和形成的过程。这一心理活动不仅产生了形成了，并且还在机体方面留下一定的印迹。因此，以后在同样的条件下会引起同样的活动。这时我们就称为这个人或幼儿获得了作出这一新的心理活动的能力。如果这样的重复次数多了，所留下的印迹也会加深一些，而这种能力也会更巩固一些。这样一个过程就叫作学习或简单称之为“习”。我国古代的思想家也称之为“积习”或“习染”。说明了以上这些情况，就可以来阐明“习与性成”这个科学心理学论断。一个人或幼儿的“性”就是他的种种心理特性或性能或心理机能或能力所构成。世界上一切事物都是由一个发展过程而来的，没有天上掉下来的东西。人的性或心理机能也是如此。一个人的一切性能或心理机能都由一定的发展过程而来。因此，一个人的全部的“性”也全部都是由发展而来，没有现在一般所说那种“先天”还是“后天”的差别。但“先天”和“后天”的区分是有的。所谓先天的性或心理机能是指那很少几种由于在出生之前的胚胎期间的发展所形成的性或心理机能或性能。一个人类胚胎从一个受精细胞开始经过十来个月的迅速发展以至形成一个具体而微的人，然后从母体脱离而生下来。初生的婴儿，由于眼睛和耳朵已基本上发展完成，所以就可以开始有视觉和听觉。再由于吸食的器官已生长完成并且皮肤感觉也有了，所以初生下来的婴儿就能用嘴接受母亲的奶头或自己在母亲的胸部找到奶头而有效地吮吸。据说婴儿的胚胎发展到一定阶段就能做吞咽的动作。初生的婴儿，由于身体各部的肌肉早已发展到基本成熟，所以已能做出一些动作。所有这些少数几种心理机能都是婴儿初生下来之后就能表现出来的。但这些心理机能还没有完全脱离生理活动的性质，所以也可以说只是介乎心理机能和生理机能之间的机能，或者可以称之为心理机能的开始阶段。这种开始阶段的心理机能我们一般都称之为天生的或先天的或遗传的心理机能。其实这是一个很大的误会，主要因为我们自己只看到或只注意到它们已基本发展成熟的表现，而没去考察一下或者限于科学研究的条件而观察不到或者难于推想到它们也都有一个发展过程，并不是一下子迸发出来的。由于“形具而神生”（《荀子·天论》）的原则，这些在胚胎期间因机体的发展或生长而形成的心理机能或性能或性都可以叫作生成的心理机能或性能或性。这类性或心理性能也可以简称之为生性。人有个别的生性，和其他动物的情况一样。由于机体的生长还没有达到相应的阶段，在婴儿出生以后还不能随即表现出来，必须等到生理上的生长完全达到成熟的时候。这就是一般人都熟悉的“食色性也”的“色性”，即求配偶的心理机能或性能。这种性能也同样没有完全脱离生理的性质。可以把它认之为半心理半生理的东西。至于哪一方面多一点或少一点，则要看一个人的整个心理发展的水平而定。其实“食性”或其他相类的性也都是这样。除了这几种少数的“生性”以外，一个人所能有的其他一切的性或心理机能都是照现在一种通行的说法，后天所获得的，即在出生以后经过学习或习染所形成的。这可以叫作学习而成或积习而成的心理机能或性能或性。简单一点说，也可以称它为习性，以区别于生性。就人来说，生性也是经过一定的后天发展的，并不是完全没有后天的影响。可以看到，不论习性还是生性都是经过一定的发展过程的结果，都是完全属于心理的性或心理机能或性能的性质。同时可以看到人的性的绝大部分，所有大量的性或无止境地发展的性都是习性，生性只有极少的有限的几种。还可以看到，性无论习性还是生性都是发展的东西，既可以受抑制，也可以受到促进。整个人性是一种不断生长、发展、变化着的东西，绝不是一成不变的。作了这第二层的说明，就更容易对“习与性成”这一具有基本重要性的科学心理学原理取得了解了。王夫之对“习与性成”这句话作了一句解释说，“习成而性与成也”（《尚书引义·太甲二》）。这句解释的话大概也可以说明“习与性成”的意义了。“习与性成”就是说，积习形成的时候也就和性一起形成了。这也就是说，习的形成同时也就是性的形成。性是通过习的形成而形成且发展变化的。假定一个人的性（心理机能或性能）的总量是A，而A是由不同的个别性能A_1，A_2，A_3，…，A_n所构成的。现在如果有一个新的个别的性能A_{n+1}形成了，A这个总量内就要增加一个A_{n+1}。这不是A_{n+1}形成的时候，A也得到了发展变化而有所形成了吗？当然，在另一方面，也会因遗忘等而有所减少。所以这也是一种新陈代谢的过程。因此人的性应该是继续不断地发展变化着的，是年年月月，甚至时时刻刻在形成发展着的。因此，人的一生就是他的性（心理机能或性能）在继续不断地随时随刻地发展变化的一生。当然，这中间会有快慢的不同和大小的不同以及其他的不同。我们现在常说“活到老学到老”，这是切合于事实的说明。但一个人的一生中不仅可以有有意的经常不断的学习，也可以有无意的继续不断的学习或习染，因为一个活着的人总不能不继续受到环境的影响，因而引起他在性方面或大或小的变化或发展。王夫之说得对："夫性者……日生则日成也。"（《尚书引义·太甲二》）这是说人的性是每日有所新生，因而每日有所形成的。我们有一句成为谚语而归源于孔子的话，说，"习惯成自然"，这也就是积习成性或"习与性成"的意思。可以注意到的一个重要之点是，有了"习与性成"这个原理，老是纠缠不清的"遗传与环境"这个命题在心理学上几乎就失去意义了。一般把遗传和环境对立起来，这是只知对立而不知统一的形而上学看法。其实，遗传的影响和环境的影响可以看作是一个连续不断的发展过程。

四、对两千年来争论的性恶性善问题的辩证分析与评释[①]

性善性恶这个有关心理学尤其是发展心理学的问题，在两千多年长期的中国思想史上一直是争论着的一个突出的问题。在这个问题上的争论是和地主封建统治阶级内部两条政治路线和思想路线的斗争密切联系着的。但绝大多数人，对于所谈的"性"总是本着剥削阶级的错误观点，采取一种直观的方式，把它当作一种自明的原理，来进行抽象的从概念出发的论

① 本文出自《心理学简札》，人民教育出版社，2009年9月第1版，卷九，第575页。

证，而很少或者很不够对它进行一定的结合实际的具体分析考察。他们几乎一致采取的一个基本理解是“生之谓性”或“天命之谓性”。（这里的“天”在许多人是“自然”的意思，但在其他一些人则是神化了的“天”的意思。）这原是“性”这个词的本义，也是过去对于“性”的善恶问题的纷纷争论的一个共同出发点。现在一个首要问题就是要搞清楚一下什么叫作“性”。它是天上掉下来的吗？是对它只能采取直观的观点而无法究问其由来的吗？都不是。世界上没有这样的东西。“生之谓性”的说法有它对的一面，但更有它不对的一面。就是它对的一面也需要分辨一下。如果把“生”理解为从母体一生下来的意思，那是很不恰当的。如果把“生”理解为“生长”的意思，那才能具有合理性。专就性善性恶的争论所讲的“性”说，从应该有的合理意义来看，“性”就和普通说话中所说事物的性质、特性或性能是同样的意思。世界上一切东西都有一定的性质、特性或性能。一样东西如果没有它所具有的性质或性能，就不能成为那样东西。人类也是这样。人类具有一些和动物明显地不同的特性，所以成为人类。一个个别的人也一般都会有一些可以区别于其他的个人的特性。例如，人类有最发达的脑，能直立行走，有能做出很灵巧的活动的双手，有特殊的吃、穿、住、走动、生育等的基本需要，能从事劳动，能发展思维，能有意识，能学习，能学会说话，有群居生活的要求，能改变自然界为自己的需要服务等等。这就是人类的一些主要的特性。并且，还应该再推进一层，就不同的个人来看。例如，能绘画也就是一个画家所具有的特性，能驾驶拖拉机也就是一个拖拉机手具有的特性，能指挥作战也就是一个军官所具有的特性。所以，这里所说人的特性或“性”也可以包括，并且在一般人的说话中也常常实际上包括一般所谓才能或能力或品性之类在内。人们看到一个有某种特殊才能的人，就常常以为这是由于他有这种“天才”所致，而其实这也是经过一定的学习或发展过程而来，并非生来如此，这样，从心理学方面具体分析考察起来，就可以看到，人所有的特性或“性”可以大概分为两大类。一类主要是由于身体的生长发展而形成的，可以说是“生成的”，也就是荀况所说“形具而神生”（《荀子·天论》）的结果。这类“性”可以称为“生性”。例如生了眼睛，就能有视的感知觉性能。长了人这样的头脑，就能有产生思维这样的性能。长了双手，就和头脑在一起获得制作工具和使用工具因而能从事劳动的性能。长了肠胃，就有饥而求食的性能。长了正常的口腔和喉头和耳朵和脑在一起，就有能学会说话因而能和别人交谈的性能。如此等等。这类性能或“性”有的一生下来就因机体的生长而已完成了，有的还没有完全因生长而完成，要再经过几天或许多天或一两年甚至十几年才完全完成。这是第一类的“性”。第二类的“性”主要是在生活、实践中由于学习或受到社会的影响或其他的影响的习染而形成的，也就是一般所说“获得的”特性。所谓“习惯成自然”或“习与性成”（这一说法最初是伊尹提出的，见《尚书·太甲上》）的说法就是这个意思，但习得的性能或“性”会同“生成的性”起同等的作用并具有同等的稳固性。例如，一个人的一些脾气、多种习惯、某些嗜好、一些偏见、某种才能或技巧、对事物的基本态度等等，都是这样的习得的“性”。人的阶级性当然只能是习得的“性”。民族性之类也基本上是这样。这种习得的“性”也可以称为“习性”。“习性”也是一种“性”，这一点从阶级性和民族性这种事实就可以明白。又，所有的“习性”其实都是在一定的“生性”的前提下发展形成起来的。

没有一定的“生性”作为内因，就不会有某种“习性”的发展。这就是“习性”和“生性”的一种关系。但是，总而言之，无论第一类的“生性”还是第二类的“习性”，都是一定的或简单或复杂的发展过程的产物，绝不是天上掉下来的。既然都是一定发展过程的产物，也就能因一定的发展过程而改变或消失或继续前进发展，绝不是一成不变的。因此，人们在整个一生中，已有的“性”可以改变或消亡或继续发展，并且还可以形成新的“性”。所以，人们的种种特性既都是由发展而来，也在继续发展之中。不过，这种发展变化可以有升有降，有快有慢，有大有小，有明显不明显或是属于量变还是质变这种种的区别。如果搞清楚了这些情况，对性的善恶问题也就可以取得较明确的理解。显然，生成的“性”无所谓善恶，除非有发展上的缺陷，但说不上恶。这种生成的“性”都只提供一种可能性来予以进一步的发展以获得或多或少或这样或那样的具体实现。这就需要在生活、实践中的学习、教育或习染。它们所得到的具体实现是怎样，也就主要取决于学习、教育或习染得怎样。有了一定的具体实现，才能给它们加上某种社会准则的衡量而有善恶或好不好的区分或者说不上有这样的区分。

不过这时候的具体实现仍可能通过学习、教育或习染来使之继续产生发展变化，使不好的变好，使好的更好，或者相反。所以，就一般说，已有的具体实现也并不就成为不可移的“本性”。这是就“生性”而论的。至于习得的“习性”，有许多也无所谓善恶。不过因为这类“性”本身就是由于学习、教育或习染所形成的具体化的品质，因而它们本身都可以在一定的社会条件下或其他条件下成为好或不好或者适当或不适当。并且也有许多“习性”在形成过程中就按照一定的社会准则而具有好或不好的品质。同样，这类习得的品质或“性”就一般说来也都是可以转化的。但是，转化可以有难易的不同。总之，就一般看来，无论“生性”还是“习性”，既然都是因一定的发展过程而形成，也就都可以因一定的发展过程而转变，只是这种转变过程的产生有的是较容易的，有的是较困难而要经过较大的努力的，也可以有的是过于根深蒂固或者在现实可能的条件下，还很难以至无法使之产生实质的改变的。至于善恶好坏，那总是相对于一定的社会准则而加以评定的，并不像许多采取形而上学观点的人所以为的那样，是无条件的。因此，一种习惯、一种行动、一种意图、一种情绪表现、一种态度或一种思想是好还是坏，是善还是恶，可以因不同的人、不同的时间地点而评定不同，甚至相反。这是由于不同的人、不同的时间地点所用的准则会有不同。当然，最大最主要的实质性的社会准则的不同是由于不同的阶级而产生的不同。不同阶级的人对人的生性和习性或它们的具体化表现的善恶或好坏，不会有相同的评定准则而常常是相反的。同样，这种评定也因不同的历史时期而有不同。所以，无条件的善恶好坏是没有的。在没有了阶级的社会中，才会有比较一致而不是相反的善恶准则。

五、评两千年唯心论学者的先验论的性善论的发展及后期李翱的性善情恶论[①]

在旧时代的两千多年中，主张复古倒退而在思想上大都走唯心论道路的学者，关于人性善恶问题的学说的发展史，可以分为两个大的时期。就人来划分，第一个时期是从孔丘到韩愈，第二个时期是从李翱经过程、朱、陆、王，直到清代信奉程、朱、陆、王的说教的一些人。韩愈在人性问题上的说法，主要是以孔丘和董仲舒一派的说法为骨干的，没有什么新的见解，只是把三品说作了一些牵强的解释，但也引进了孟轲以仁、义、礼、智作为人性的本质特征这种说法，有了倾向于更为唯心的思孟学派的开始。李翱是韩愈的学生，但在人性理论上和韩愈有实质的差别。他的理论主要是以思孟学派的思想作骨干的，因而更走向主观唯心论，更局限于代表儒家的观点，开始偏倾于专在儒家的经典（“六经”）中兜圈子，忽视广大的现实世界。后来的陆九渊自嘘说，“‘六经’注我，我注‘六经’”。这句话最足以说明后一种情况。陆九渊这么说，似乎表示他能善于学习和应用孔、孟的说教而不受束缚。但相

① 本文出自《心理学简札》，人民教育出版社，2009年9月第1版，卷九，第698页。

反，正好说明他是紧紧地被“六经”捆绑了起来的。程、朱、陆、王各派的人虽然各有各的理论，甚至互相之间有激烈持久的争吵，但都是在“六经”中兜圈子，那是基本上一样的。这个不良的、有害的学风主要就是由李翱首先吹起来的。所以，李翱确然是上面所说后一时期的开始者。李翱和韩愈有联系之处在于：韩对思孟学派的倾向有了开端，而李则决然倒向思孟学派；韩只是主要把孔、董等的说法综合一下，而没有什么“发明”，而李则开始更钻到儒家的旧说中去并加上自己的主观“体会”。韩和李都是企图发扬儒家思想以之来抵制并战胜佛教思想的，但在这样的斗争中互相渗透，受到了对方的沾染并部分地受到同化（如在李身上的表现）。由于是一种主观唯心论和另一种主观唯心论的斗争，无法划清界限，斗争的结果自然是彼此渗透。这是不奇怪的。这样，李翱就起了“承先启后”的作用。然而，这一历史发展的主要原因还是在于封建地主阶级的统治愈益走下坡路，也就需要更主观唯心的理论给自己服务。在这个前提下，李翱的学说才能起那样的作用，产生那样的影响，程、朱、陆、王那种更适合于后期的封建统治需要的唯心论人性理论，才能接着发展起来。这里没有必要对李翱的人性论本身多作叙述，但要弄清楚他的看法有哪些主要问题。他也采取“天命之谓性”的说法（“性者天之命”），主张“性善论”（“人之所以为圣人者性也”），认为“情者性之动”，并同意较有问题的“七情说”。他也有过去已颇流行的“天地之间人为贵”的看法，但他认为人之所以为人在于有“道德之性”。他说：“天地之间万物生焉。人之于万物一物也，其所以异于禽兽虫鱼者岂非道德之性乎哉？受一气（同一的气）而成形，一为物而一为人，得之甚难也。”这基本上是在他之前已有的看法，但他单独强调人的“道德之性”。“道德之性”的说法就是先验论的性善论。这是他的眼界狭隘的明白表现。复旧倒退一派的儒家在人性理论方面由他开始的一个大的转变是倒向思孟学派思想，因而更多地脱离实际而陷入主观唯心论并有和有关的佛教思想开始合流之势。他再三引用孔伋（子思，《中庸》）和孟轲的说法来给自己作依据。但他也有自己的理解参加进去，因而他在唯心论的人性论方面是更有所“前进”的。有人问他，过去的人讲《中庸》和他所讲的都不同，这是为什么？他回答说：“彼以事（事实，实际情况）解者也，我以心解者也。”这就把他自己的思想路线明白供认出来了。并且可以看到，程、朱、陆、王派的人，其实都是沿着这条路线继续下去的。李翱是一个竭力强调“性善情恶”这种显然支离的说法的人。他说“人之所以惑其性者情也”；又说“情者性之邪也”；又说“情者妄也邪也”。他又用比喻的说法把性比作水把情比作沙泥，说："水之性清澈，其浑之者沙泥也。方其浑也，性岂遂无有耶？久而不动，沙泥自沉，清明之性鉴于天地。"这就把性和情看作两种很不相同的对立的东西，而情是邪恶的。然而他又说"情者性之动也"；又说"情有善有不善"；甚至进一步说："性与情不相无也（不相排除的）。……无性则情无所生矣。是情由性而生，情不自情，因性而情。性不自性，由情而明。"后面这种话还是大体上可以勉强说得过去的。但是，这就和上面的说法完全不相照顾，陷于尖锐的自相矛盾。这是唯心论者常常如此的。性善情恶论是李翱的人性论的核心。这是他企图单纯从人的主观方面找求人的善恶的根据所只能得到的一种答复，从这个论断出发，他主观唯心论地认为一个人要成为好人，唯一正确的办法是，保卫住自己生来有的完美无缺的本性，使它不受到因活动而产生的情的干扰或掩蔽或浑浊或迷惑或攻伐（冲击）。否则就要成为"凡人"了。他说："性者天之命也，圣人得之而不惑者也，情者性之动也，百姓（"凡人"，好在不讲"小人"或"下愚"了！）溺之而不能知其本者也（掉进情的泥水中而不能知道自己的本性了）。"这样说，难道"圣人"就是无情的吗？这确实是必须解答的问题。他说："圣人者寂然不动（不表现什么动静），不往而到，不言而神，不耀而光，制作参乎天地，变化合乎阴阳（能做出这些了不起的事情！），虽有情也，未尝有情也。”这就说得非常神奇玄妙了！再则，百姓就没有性了吗？这也是必须提出的问题。他解释说：“百姓之性与圣人之性弗差也（无差别）。虽然，情之所昏，交相攻伐，未始有穷（被情所迷惑，受到它们一起的冲击而没有完了），故虽终身而不自睹其性矣。”这里的问题是，“不自睹”不等于不存在。如果还存在，也就不会没有作用或表现。因此，要凭此来说明“圣人”和“凡人”的区分是无法说通的。况且，如若木然无情，还能成为什么人？！——无论“凡人”还是“圣人”。所以，李翱一流心目中的“圣人”和“凡人”或“百姓”其实都不是现实中存在的人，都是幻想捏造出来的人。他们那样说，不过是硬要把封建统治者说成至善至美、神奇莫及的超人，而被统治阶级则都是些至邪至恶、昏昏蒙蒙、不够成为人的人，这样来给封建统治服务。但实际情况是，统治者的情欲可以得到几乎无限制的肆无忌惮的满足，而“老百姓”的情欲则只能得到很可怜的满足或者完全得不到满足。所以，照李翱一流关于性和情的理论，封建统治者倒应该说是沉溺于情欲而丧失了“本性”的人，而“老百姓”则是世间最清白而最保全着本性的人。事实就差不多如此。不过老百姓的清白并不是因为他们无情或少情！所以李翱一派的人性论原来是用来颠倒黑白的。至于李翱所认为是自己了不起的发现的“复性论”，不过是主张排除情、抑制情而使原来完善的性不受干扰或迷惑。他认为，这样就要保持不动，就要静。能使性保持在不受情的冲击的“寂然不动”的情况下，就能做到所谓“诚”（真实）。能诚就能“广大清明，照乎天地，感（凭直觉）而遂通天下之故，行、止、语、默无不处于极（中，适中）也”。这也说得太神妙而令人不能相信。这只能是十足的幻想！李翱所说“复性”也就近于孔伋和孟轲所说“尽性”。他们认为“能尽人之性则能尽物之性，能尽物之性则可以赞天地之化育，可以赞天地之化育则可以与天地参矣”（李翱引《中庸》中的话）。这也完全是神妙幻想之谈。李翱又认为要“复性”，要做到“寂然不动”，就要连思虑也不要。他说：“弗思弗虑，情则不生。情既不生，乃为正思。正思者无虑无思也。”（？！）这是说无虑无思才是最正当最好的思虑！他说，“视听昭昭而不起于见闻者斯可矣”（要有不依靠见和闻而能清楚明白地视和听才好！），也是同样出奇的想法。他甚至认为要有意去不让情产生（“以情止情”）也不可以。他说：“情者性之邪也。知其为邪，邪本无有。心寂不动，邪思自息。惟性明照，邪何所生？如以情止情，是乃大情也（是扩大情的）。

情互相止，其有已乎？”（以情止情，又要以另一种情来止止情的情，这样能有完了的时候吗？！）这些说法也是非常玄妙而成为纯然玩弄概念。这些都是在性善情恶这样一个说不通的错误前提下所抽绎出来，是更说不通的一些主观唯心之极的谬论。为什么李翱要炮制这样虚妄的人性论呢？主要无非是为了如上所说，要颠倒黑白，捏造理由，来给腐朽的封建统治服务。但同时，他不能不承认“百姓之性与圣人之性弗差也”。可能到了他的时代，再要说“圣人”是奇形怪状、和百姓很不相同的一种创造物已不行了。然而，他还是要竭尽主观唯心论的能事，把“圣人”说得神奇莫及，而“百姓”则不能不是下愚邪恶的人，以达到维护封建统治的目的。此外，如有些人指出的，韩愈的《原性》和李翱的《复性书》，如果还有和佛教思想作斗争的用意，那么从《复性书》所尽力宣扬的反人民理论就可以明白看到，这不过是和佛教思想向最高层封建统治者争宠，而不是什么为了佛教思想的病国害民而奋起与之斗争，如范缜那样。这样的争宠斗争当然斗不出什么名堂，只能是混战。结果是，彼此都有必要向对方学习一些为封建统治者所需要的东西，增强自己的争宠地位。因此，就产生了彼此交流、互相渗透的效果。这样的说明也大概基本上可以适用于后来程、朱、陆、王等儒家流派，虽然形式上有不同的关于人性的学说的发展的一个方面。也可以再一次看到，任何关于人性的理论都不是徒然的，都必然是含有一定的社会意义或政治意义的。也可以看到，李翱这一类型的人性理论是没有什么科学意义可供心理学参考的。

六、《孔丛子》中值得注意的有关古代心理学思想的见解①

《孔丛子》是一部汇集从孔伋到汉代的孔臧以及孔季产接连好几代孔家的人的言行记载和所写的一些作品的杂集。其中有一些颇值得注意的关于我国古代人有关心理学的见解的资料。现在论述如下：

（1）孔伋问孔丘说："物有形类，事有真伪，必审之奚由？（如一定要弄清楚，怎么办？）"孔丘说："由乎心（要通过心）。心之精神是谓圣（心的精神作用叫作大智），推数究理不以疑（能推断出必然的关系或探索出规律以达到不疑惑），周其所察，圣人难诸（要对世界上的一切都观察周到，

① 本文出自《心理学简札》，人民教育出版社，2009年9月第1版，卷九，第707页。

大智的人也难于做到吧）。”（《孔丛子·记问》）这是说，要“推数究理”，必须通过“心”这个思维的器官的作用；要想观察到一切，即通过感性认识而知道一切，那是大智的人也难做到的。这里可以注意的是，指出了“心”的特殊机能（“圣”，智）的重要，指出了“推数、究理”（理性认识）是济“察”（感性认识）所不及的。

（2）孔伋对他儿子孔白说：“吾尝深有思而莫之得也，于学则寤（悟）焉（我曾深沉地思维，但一无所得，通过学习就明白了）。吾尝企有望而莫之见也，登高则睹焉（我曾抬起脚跟来想有所张望，但一点也看不见，站到高的地方就看到了）。是故虽有本性，而加之以学，则不惑矣（所以，虽然有能思维能看这种“本性”，要再加上学习才能不迷糊）。”（《孔丛子·杂训》）这是说，有了某种“本性”还不行，还必须再加上学习才能得到认识，而学习就必须采取一定的行动，如去进行学习，去站得高一点之类。可注意的是，所说的性或“本性”的意义是恰当的。这种性说不上善恶，说明了“本性”必须“加之以学”，指出凭空的深思苦想也是不中用的。这里的几点看法是符合于一般人的现实生活经验情况的。

（3）孔伋说："水之性清而土壤汨之，人之性安而嗜欲乱之（水性是清的，而泥土把它弄浑弄浊了，人性是安定的，而嗜欲把它搅乱了）。"（《孔丛子·抗志》）这两句话无疑是宣扬一种性善论和情恶论的。孔伋在《中庸》中所发挥的也就是这种看法。这应该就是从孟轲到李翱并一直到宋、元、明、清的程、朱、陆、王派的唯心论儒家关于人性的谬误理论的最初根源。这一个看法和孔伋的上一种看法显然是矛盾的。

这后一看法有《中庸》可以相印证，无疑是属于孔伋的。因此，上一种看法是否就是孔伋的看法，未免可疑。亦许上一种看法是代表他早期的看法的。所谓"人之性安"（安定、安静，也就是李翱开始大加宣扬的"寂然不动"），完全是唯心论不顾事实的谬论。孔伋这两句简单的话却贻误了孟轲、李翱和更后来的许许多多人。不过话还得说回来，这种谬误的唯心论看法能得到那样的发展的根本原因，仍在于长期陷于停滞不前的封建社会和反动黑暗的封建统治。那种唯心论学说是适合于那种社会和黑暗统治的需要的。

（4）在战国末期的孔斌（一说名慎，字子顺）在答赵孝成王问的话中提到《商书》所载伊尹，说明他把汤的一个继承者太甲暂时放逐到都城以外的地方去不让他过问政治，而让他反省检查的理由的话。其中一句话是说：“唯王旧行不义，习与性成（王过去做了许多不义的事，习惯变成和本性一样，和本性成为一体了）。”（《孔丛子·执节》）“习与性成”这句简单明了、意义确切的说法，很可以作为关于人的心理发展的一个重要规律的说明来看。习惯或学习以及习染的结果的确可以成为和“本性”一样，所以也可以称为“习性”，即也就成为一种“性”。这是关于人的心理发展的一种具有罕见的科学光辉的论断。这样一个很值得珍视的、符合于科学知识的简明确切的论断原来在我国这样早的时候就已经提出来了。遗憾的是，这个十分重要的论断在后来的长久年代中虽然曾流传一时，却一直很少得到发扬，尤其在汉代以后，只是间或有人提到而没有完全被遗忘掉，总算还好。到了清代开始时的王夫之才认识了这个论断的重要意义，并对它作了较详细的阐明。

（5）孔斌又在答魏安釐王问的话中说：“作之不止，乃成君子（要继续不断地实践才能成为君子的人）……作之不变，习与体成（一直继续实践，就会使习惯和身体成为一体）。习与体成，则自然矣（习惯和身体成为一体，那就成了自然的了）。”（《孔丛子·执节》）“习与体成”就是习惯和身体完全结合在一起而成为身体的一种性能的意思。这当然和“习与性成”是一样的意思。不过，“习与体成”的说法更具有唯心论的意味。这是战国末期一个人的见解。这和“习与性成”虽然实质上是同样的说法，但明白表达了“习性”和肉体的内在关系。这却是一种很重要的见解。这样一种有深刻意义的见解却由我国那样早的一个人说了出来，是很可令人惊异赞叹的。

（6）后汉的孔季产说：“万物之生各禀天地，未必为人。人徒以知（智）得而食焉。故《孝经》曰，‘天地之性（生）人为贵’，贵以知（智）也。伏羲始尝草木，一日而遇七十二毒，然后五谷形焉（前人经过很艰苦冒险的尝试实践才找出五谷，哪里是天专为人生的）。”《孔丛子·连从子》这里值得从心理学予以注意的一点是，“人徒以知得而食焉”，说人只是因为有智慧才得吃五谷和其他的东西。另一点是“天地之性人为贵，贵有知也”，说天地所生的东西中人是最宝贵的，宝贵就在于有智慧。这是又一次说明，“天地之性人为贵”这个重要的认识在我国很早就有了，并说明人的所以“为贵”是在于有智能，而有智能主要在于有思想。

七、告子的性无善无不善论的唯物观点及孟轲主观唯心论的强辩[1]

告子关于人性问题的见解是很值得予以表出的。他的见解显得在我国思想史上是颇独特（告子的理论也不完全是他的独创。商初伊尹的“习与性成”和墨翟的染丝说也是一种性无善恶论。孔丘的“习相远”说法也强调了“习”）可贵的一种。他似乎没有留下著作或者有著作而早已失传了。关于他的理论只有在《孟子》中附带传下来简单的几条【《孟子》（注疏本）卷十一上】，已无法得到更多的了解。告子当然姓告，名叫什么都不明确，一说他名不害，但有疑问。他和孟轲同时。赵岐给《孟子》作的注说他“兼治儒墨之道”，曾学于孟轲，但“不能纯彻性命之理”。可能他只是和孟轲讨论或辩论了性的善恶问题，未必是学于孟轲的。至于说他“不能纯彻性命之理”（不能完全弄通孟轲所说的性命之理）则完全是派性的偏见。因为他只是对“性命”有根本不同的见解，而他的见解是最好的一种。告子的基本论点是“性无善不善”。但他所说的性是“生之谓性”的性。他用比喻作的一个解释

① 本文出自《心理学简札》，人民教育出版社，2009年9月第1版，卷九，第611页。

说："性犹杞柳也，义犹杯棬（一种木质的饮器）也；以人性为仁义犹以杞柳为杯棬。"【《孟子》（注疏本）卷十一上】这是说，人性就像杞柳这种木材，"仁义"就像杯棬这种器具；把人性训练成"仁义"这种道德，就像把杞柳的木材制成杯棬这种器具。这是很明白的说明，说明杞柳还不就是杯棬，要经过制作才成为杯棬，要使人性成为"仁义"也是这样。孟轲要是不同意这种看法，应该能指出杞柳已经是或基本上是杯棬，而不需要怎样制作了，或者能证明这样的比喻不对。但他不这样做，而只反问说："子能顺杞柳之性而以为杯棬乎，将戕贼杞柳而后以为杯棬也？（你顺着杞柳的性造成杯棬，还是残害杞柳而造成杯棬呢？）如将（戕）贼杞柳而以为杯棬，则将戕贼人以为仁义与？"【《孟子》（注疏本）卷十一上】这一反问其实已接受了告子的基本论点，即以人性为"仁义"犹像以杞柳为杯棬要经过制作，只是争论着以杞柳为杯棬是顺着杞柳的性还是残害着杞柳。孟轲认为这是残害杞柳的。这个理由却站不住脚。用杞柳做成杯棬当然不会不使杞柳产生一定的改变，但也不会不顾到杞柳的特性，否则就不需要用杞柳。所以那种改变并不能说就是对杞柳的残害而也可以说是使杞柳得其所用或者说得到一种发展。孟轲却咬定要把这种改变说成残害并给告子硬加上一个罪名说："率天下之人而祸仁义者必子之言夫。"）【《孟子》（注疏本）卷十一上】这算是什么辩论呢？至于告子怎样答辩，却没有记下来，好像孟轲胜利了。这是不公正的记载。告子又用另一种比喻给自己的看法作了说明："性犹湍水（萦回的水，不流的水）也，决诸东方则东流，决诸西方则西流。人性之无分于善不善也犹水之无分于东西也。"【《孟子》（注疏本）卷十一上】这个说明也很明白。水是流体，这是它的一种"性"。至于向哪个方向流则完全看所得到的引导。孟轲争辩说：水流确然不分东西，但也不分上下吗？人性是善的，就像水的向下流。人没有不善的，就像水没有不向下流的。现在也可以把水拍击，使它跳起来超过人的头；也可以强迫它流，使它上山。这难道是水的性吗？是外加的势力使它这样的（"其势则然也"）。使人可以为不善，从它的性看，也是像这样的（"其性亦犹是也"）。【《孟子》（注疏本）卷十一上】孟轲这种辩论也有逻辑问题。说水向下流，但没有一定的方向，这和说水是流体一样，怎么能用来作譬以说明人没有不善的呢？善是一种方向，因为善以外还有恶以及不善不恶。所以孟轲那句话等于只是把"性是善的"这样一句独断的话重复一遍，完全不能说明为什么性善的理由。如果说向下流是水的性的表现，那么向上跳或流也同样是水作为流体的性的一种表现，只是所受的外力条件的影响有不同而已。怎么能用来作譬以说明善恶对性的不同关系呢？照孟轲那样的说明，倒同时也可以说明性也会是恶的。他说“其性亦犹是也”，就于无意中含有了这个意思。其实，孟轲和告子一样，也承认了水可以向不同的方向流。只是告子用向东流和向西流来说明善恶的方向不同，而孟轲则用向下流和向上流来说明善恶的方向不同。所以事实上，孟轲是无形中同意了告子的那样论证的。为什么还要多费口舌来强辩呢？这是没有道理的辩论。这里也没有记下告子的答辩，好像这一辩论也以告子认输而告终！“生之谓性”这个为几乎所有谈论人性问题的人所接受作出发点的说法，似乎原来是告子最初提出的。【《孟子》（注疏本）卷十一上】

告子说了这句话以后，孟轲就反问说：生之谓性就像说白就叫作白性吗？告子说：“对。”孟轲说：白羽的白性就像白雪的白性，白雪的白性就像白玉的白性吗？告子说：“对。”这时孟轲就把话头一转说，那么狗的性就像牛的性，牛的性就像人的性吗？下文也没有记录，好像告子又是被问得哑口无言的！不过也很可能告子只报之以一笑，因为孟轲最后反问的话实在有些瞎扯。说生就的特征就是一种性，就像说白羽的白就是白羽的白性等等，这都是对的，所以告子都点了头。但孟轲后面的问话是完全接不上去的。因为他所说的“性”是一种抽象的概括概念，可以包括很不相同的内容，和告子所同意的话完全没有逻辑的联系。稍有知识的人都会知道，狗的“性”和牛的“性”不一样，狗和牛的“性”更和人的“性”有很大的不同。提出狗性、牛性和人性是否同样这种问话，不是把对方当作白痴，就是自己的说话态度太不严肃，完全不像认真讨论问题。告子如果真的报之以一笑，应该是应付得很得体的。孟轲承认自己是“好辩”的。但他的辩论往往是搬弄概念，强词夺理。孟轲所说的“性”其实也是“生之谓性”的性。但他也要辩论一下，就显得没有理由。大概也是为了好辩吧！在《孟子》这书中还记载了告子的另外三句话。他说：“食、色性也。仁内也，非外也。义外也，非内也。”【《孟子》（注疏本）卷十一上】他认为“食”和“色”都是一种性，这是对的。这表现了唯物的观点。可见告子所说的性是具体可指的。这种性本身是说不上善恶的，要看它们实现为怎样的意向和行动，并从社会的角度去看，才能给它们加上善或恶的称谓。告子说，“义外也，非内也”，也基本上是对的，因为只有针对外在的条件来考量，才能说得上是否是“义”。但“仁内也，非外也”这个说法则颇成问题。如果假定“仁”是一种道德，那也和“义”一样，只能由客观的社会准则来定它是或不是，虽然这种社会准则可以有不同。孟轲对告子的“仁内”说法没有提出反对意见，因为他从唯心的观点看，当然是赞同这种说法的；但对“义外”的说法则进行了争辩，因为他是错误地主张“义内”这种内在论的。这是和他的性善论相一致的论断。性善论也就是一种主观唯心论。所以告子和孟轲在性论上的分歧是两个阵营的根本分歧。总的看起来，告子关于人性（生就的性）的无善无不善论在历史上其他许多关于性的可取的理论中是比较符合实际情况的一种理论，也就是最多地属于朴素唯物论的一种理论（许多纯然是唯心论的理论则不在此考虑之列）。在他之后二千几百年中竟没有一个人贯彻主张生就的性“无分于善不善”的看法。只有清代后期的龚自珍表示赞同告子的理论（《龚自珍全集·阐告子》，上海人民出版社1975年版，第129页），但也不能贯彻。可惜告子的全部理论已无法了解到了。就他的理论所间接遗留下来的那几点来看，明显有缺点的地方主要在于他受到了“生之谓性”这一理解的局限，而可能没有看到也有不是生就的性。至于其他方面，则不能要求于他了。他的基本观点显然和儒家是根本对立的，是属于非儒家学派一边的。赵岐说他“兼治儒墨之道”，大概说他原来如此，而不是说他后来的成就。他显然也是在那时旧社会解体，新社会兴起的转变情况下较早产生的一个进步思想家。他的性无善无不善论亦许就是从墨家的性如素丝因染而成青赤这个看法而来。

八、评西汉贾谊关于“人性不甚相远”“化与心成，故中道若性”等光辉理论①

西汉时代的贾谊也有关于人性问题的看法很值得予以注意。他在给汉文帝的《陈政事疏》（见《汉书》）中，讨论到夏、商、周和秦的“存亡治乱”，提出为什么三代都历世较长而秦则很短这个问题。他认为主要问题在于对作为未来的君主的太子教育得好不好。他举例说，周代对太子的教养有一套很完备的制度并认真执行。当太子还在“襁褓之中”时，就任命了大臣做他的太保、太傅、太师和少保、少傅、少师。保是负责保健方面的教育（体育）的，傅是负责品德方面的教育（德育）的，师是负责知识方面的教育（智育）的。到了上学年龄，就让他入东、南、西、北四种学校以及大学，在那里受到不同方面的教育。还选择一些最正直的人，既“孝悌”，又“博闻”，又“有道术”，来和他一起“居处出入”，不让他接近“邪人”，见到“恶行”。所以太子一生下来以后就只是

① 本文出自《心理学简札》，人民教育出版社，2009年9月第1版，卷九，第710页。

“见正事，闻正言，行正道，左右前后皆正人也”。这样，“习与正人居之，不能毋正”。如果“习与不正人居之，不能毋不正”。这样，“教得（教导得当）而左右正，则太子正矣”。贾谊所以要这样强调太子的教育，因为他认为“天下之命县（悬）于太子”，“太子正而天下定矣”。因此，他认为夏、商、周历世颇长，是由于对太子教养得好。秦的所以在第二代就灭亡，是由于对太子的教养不好。他说，由赵高这样的人当胡亥的太傅，所教的是刑罚的事情（“教之狱”），经常听见的不是杀头、割鼻子，就是杀光三族；所以胡亥一登上王位就把人作箭靶，把忠谏当作诽谤，把计谋当作妖言，把杀人看得不当一回事；这不是由于胡亥的性恶，而是由于对他的教导不是道理。因此，贾谊得出结论说，三代和秦的“存亡之变，治乱之机，其要在是矣”。贾谊的这种看法和说明是否正确，是另一问题，不是这里所要讨论的。从现在看，他的说法在事实上不见得合于史实，在理论上则至少是很片面的。但他指出教育的重要，这在原则上是很对的。他要强调教育，就必然要讲到他强调教育所依据的理论。他要讲教育理论，就必然要接触到有关的心理学问题。这是这里所要注意的事情。他指出胡亥所以那样昏暴，并不是由于他的生性恶，而完全是由于不好的教养和习染的结果。他强调说明三代的历世较长，根本上是由于三代的君主从小就受到很好的教导。从反面来理解，这也就是说，三代的“贤明”君主（？），也并不是由于他们的生性善，而是由于受到的教养好。在他的整篇议论中，都没有提到人的生性是善还是恶，或有善有恶这种问题，只是说了“人性不甚相远”这种话。显然，贾谊是承认人的生性是说不上善恶的划分的，一切在于习。他表达这个思想所用的话是，“化与心成，故中道若性”。“化”是指教育或习染的影响。“心”是指现在所说的心理或精神的器官或古代所了解的心脏。但我国古代人有时也把心说成和性同样的意义，或者把心的作用也就叫作心。所以，“化与心成”其实和“习与性成”或“习与体成”在实质意义上是同样的，只是说法不同而已。“中道若性”就是说，能合于道理像是出于本性一样。所以，贾谊的这句话就是说，教育和习染的结果可以和心成为一体，像自然的本性一样。因此，他引了孔丘所说“少成若天性，习惯如自然”这句话给自己作佐证。孔丘这句话显然和贾谊所说在实质上是同样的意思。不过，要成为像“天性”一样，并不限于人在少小的时候，在其他年龄也是同样，只是难易之别就是。从贾谊的话很容易联想到荀况的性恶论。荀况十分强调学习，认为人的生性并不就好，一切都是学习或习染而成的。这是他的性恶论的基本观点。这和孟轲所捏造而流毒久远的性善论确实是不可调和的两种理论。贾谊在很年轻时，曾受当时在治理上最有成绩的一个地方官吴公所赏识并被招请了去。吴公是李斯的同乡，曾向李斯学习过。所以，贾谊和荀况在思想上是有一些渊源的。此外，还有墨翟哭染丝的传说和“蓬生麻中，不扶自直；白沙在涅，与之俱黑”这种成语。可见，在春秋战国以至汉代，“习与性成”这种正确的见解是相当流行的。也可以看到，告子的“性无分于善恶”的说法并不完全是他的发明创造，而其实是发挥商代之初伊尹那时就已有的“习与性成”的旧说的。到了孔伋和孟轲的性善论以及世续等人的“性有善有恶论”出来以后，“习与性成”这个光辉的见解就似乎渐受排挤，到了唐代以后，就几乎完全被错误的性善性恶论所湮没。不过，“习与性成”或“习惯成自然”这种有充分事实根据的可贵看法还是一直流传下来，而并没有完全被忘记掉。贾谊还主张对一个人的教育要及早开始，因为如他所说，“贵绝恶于未萌”，要趁“心未滥（还没有向各方面泛滥）而先谕教，则化易成也”。达是大家所明白的道理。他又指出，教育和习染的不同，但两方面都需要。他说：“开于道术知谊之指，则教之力也。若其服习积贯（惯），则左右而已。”意思是说，一个人能明白道理和知识的意义，那是教育的功效，至于生活实践中所形成的习惯或习气则是从日常的接触习染而得。这仿佛就是现在所说的校内教育和校外教育都要注意的意思。当然，人的心理成长既然都在于“习”，给他的“习”所需要的条件就不能忽好忽坏，忽有忽无。贾谊还注意到教育作用的一个特点，就是“教起于微妙”。这是说教育的作用是微妙的，是一点一滴积累起来的，一下子不一定看得出来，常常是一种潜移默化的效果。在贾谊的教育理论中，这些有关人的心理发展的看法都是有很值得重视的积极意义的。尤其他所说“化与心成，故中道若性”这个渊源很古，在春秋战国，下至汉代曾相当流行，而一般称为“习与性成”或“习惯成自然”这个可以作为一条科学原理的说法，到现在还具有很重要的实践意义和理论意义，并更显得富有生命力。这样的具有科学实质的光辉理论对流毒颇广的先验论的生性有善恶论或良知良能论之类的批判是锐利的武器。

九、评王充关于人性善恶问题的见解[①]

东汉前期富于批判精神而基本上是朴素唯物论者的王充总结了他之前的一些关于人性的善恶问题的不同见解，提出了他自己的见解。他对这个问题的见解是具有他自己的可贵贡献

① 本文出自《心理学简札》，人民教育出版社，2009年9月第1版，卷九，第592页。

的，在他的时代背景中显得比前人明显地迈出了不小的一步而发出独特的光辉。他所迈出的一步，主要在于对问题进行了较具体的分析，而尤其在于采用了变化发展的观点，因而也就有了接近于辩证的观点的地方。他的一个根本见解是认为人之性有善有恶，而同时又采取“生之谓性”的看法，因此，这是一种先验论的见解。他说：“论人之性，定有善恶。”（《论衡·率性》）这是继承周代世硕一派成为一种流行的说法的。这是他的人性理论的一个不小的疵点所在。但在王充的理解中，这是说有的人性善，有的人性恶，还是说一个人的性可以有善恶两方面呢？他没有明白说明。大概他的意思是两种情况都有吧。但这不是他的理论的主要之点所在。主要之点在于他对问题采取了明白的发展看法。他强调说：“其善者固自善矣。其恶者故可教告率（引导）勉，使之为善。……善则养育劝率，无令近恶。近恶则辅保禁防，令渐（浸渍，习染）于善。”（《论衡·率性》）这是说，善的固然是善的了，但也要培养劝导，不使他接近于恶。恶则可以通过教育、引导、勉励、帮助或防范而使之转向于善。所以，善可以变为恶，恶也可以变为善。善恶都可以因一定的条件而转化。这就是对人之性的善恶问题的一种较能深入事物的实质的运动发展看法，是接近辩证观点的看法。王充还引证了一些历史人物的事例，来说明许多人原来是被认为不善或成问题的，后来却因为受到教育或引导，或环境的影响而产生了转变，以至前后像是两人。因此他结论说："前则若彼，后则若此。由此言之，亦在于教，不独在性也。"（《论衡·率性》）这就是说，问题在于教育、引导，不单单在于原来的性是怎样。这是王充的《率性》的基本论点，说明"性"的主要问题在于"率"。这和荀况的强调学习有一致之处。这是基本上符合于社会实际情况的论断。由此就可以体会到王充的性有善有恶的说法是比较不关重要的。王充显得是接受了两种在他之前久已流行的说法而予以发展的。他说："譬犹练丝，染之蓝则青，染之丹则赤。十五之子（还没有成熟的少年儿童）其犹丝也，其有所渐化为善恶，犹蓝丹之染练丝，使之为青赤也。青赤一成，真色无异。是故杨子哭歧途，墨子哭练丝也。盖伤离本，不可复变也。人之性，善可变为恶，恶可变为善，犹此类也。蓬生麻间，不扶自直；白纱入缁，不练自黑。彼蓬之性不直，纱之质不黑，麻扶缁染，使之直黑。夫人之性犹蓬纱也，在所渐染而善恶变矣。"（《论衡·率性》）这两种比喻的说法，原来都是用来说明人是由"所渐染而善恶"的，就意味着原来说不上善恶，实质上是一种性无善恶论。这就显出王充在理论上的一种矛盾。但王充从性有善恶论出发，用这两种比喻来说明在既善既恶的情况下，也可以因渐染而改变，因此，善可以变为恶，恶也可以变为善。这就更强调指出了事物的发展变化的一面。王充对于性的善恶的发展变化问题，还有一种很值得珍视的看法，就是他所说：“青赤一成，真色无异。”这就是说，人之性一经“渐化为善恶”，就像丝的染成一定的颜色，和天然具有的颜色就没有差别了。他还说：“天道有真伪，真者固自与天相应，伪者人加知巧，亦与真者无以异也。”（《论衡·率性》）他举例说：“《禹贡》曰‘璆琳琅玕’者，此则土地所生，真玉珠也。然而道人消烁五石，作五色之玉，比之真玉，光不殊别。兼鱼蚌之珠，与《禹贡》璆琳皆真玉珠也，然而隋侯以药作珠，精耀如真，道士之教至，知巧之意加也（这是由于有道术的人尽了指点，加上智巧的设计所致）。”（《论衡·率性》）所举的例子未必恰当，但意思是说人的造作结果（“伪”）可以做到和天然的（“真者”）没有差别。这是一种很深刻的见解。这是一种“巧夺天工”“人定胜天”的思想。人也是大自然的一部分，并且是最灵的。为什么人为的不能和天然的一样，甚至超而过之呢？就“人之性”说，这也就是一般所说“习惯成自然”的说法。王充指出“天道有真伪”，说“伪”和“真”一样，都是自然的道理。这就把荀况首先提出的“化性起伪”或人的一般造作结果提高到和“天工”相匹敌的高度的原则意义了。就人性而论，这也就是说“化性起伪”的结果就可以一样成为性。王充所说“善渐于恶，恶化于善，成为性行”，就明白表达了这个意思。这是荀况所没有见及的。这一点也是王充的朴素辩证观点的一个鲜明的表现。关于“人之性”是什么意义这个问题，王充并没有作正面的说明，但他是间接地有所说明的。他说：“夫肥沃垸埆，土地之本性也。肥而沃者性美，树稼丰茂。垸而埆者性恶，深耕细锄，厚加粪壤，勉致人功，以助地力，其树稼与彼肥沃者相似类也。地之高下，亦如此焉。以镬锸凿地，以埤（卑）增下（刘盼遂《论衡集解》认为此句应作“以增埤下”），则下与高者齐。如复增镬锸，则夫下者不徒齐（高）者也，反更为高，而其高者反为下。使人之性有善有恶，彼（刘盼遂《论衡集解》说“彼”当是“譬”字声讹。可从，但“彼”也可以是“譬”的假借字）地有高有下，勉致其教令之善，则将善者同之矣。善以化渥，酿其教令，变更为善，善则且更宜反过于往善，犹下地增加镬锸，更崇于高地也。”（《论衡·率性》）这里也主要是用比喻说明性的善恶都可以转化，恶的可以变为善，善的可以变为更善，而同时也说明了“性”的意义。就土地说，“肥沃垸埆”和“高下”都是“土地之本性”。这样，所谓“人之性”也就应该是人在活动中、在对社会的关系中所表现的种种特征或品质了。这样的说明是基本上确切的，并使“性”的意义免除笼统含糊的玄虚意味而具体可指。王充又把人性的不善比作疾病，认为有良医知道了疾病是怎样产生的，就可以用针和药把它治疗好。如果知道了疾病而只坐视不管，那就难怪了（“何以为奇”）。他说：“夫人有不善，则乃性命之疾也。无其教治而欲令变，岂不难哉？”（《论衡·率性》）这是说，如果人有不善，乃是一种疾病，不能认为无可如何，要施加人力的积极影响来改变它才对。这也是对待事物的一种积极态度。此外．关于性为什么有善有恶这个问题，王充认为，善恶的不同不是由于质的差别的结果，而是一种量的差别所引起。他说：“人之善恶，共一元气，气有多少，故性有贤愚。”“禀气有厚泊（薄），故性有善恶也。”“犹（酒）或厚或薄也，非厚与泊殊酿，曲孽多少使之然也。”（《论衡·率性》）这样的比喻解释虽然不是很恰当的，但说明了善和恶有一种相互联系的方面，仿佛是一种由量变导致质变的差别，这是很值得注意的一种见解。因为这样，在一般情况下，善和恶的互相转化就更有其本身的基础，就更易理解了。这也是王充对善恶问题的一种较深刻的理解。然而单从善恶本身来说明善恶，就容易滑向先验论的一边。这是王充的“论人之性，定有善恶”这一不正确观点的一个根源。对王充关于人性善恶的看法，更有一点应该予以指出的是，他在一个地方似乎接受不了人性的善恶“固不（无不）在厥（其）初生”这种不恰当的看法，以至说：“初生意于善，终于善；初生意于恶，终于恶。”（《论衡·率性》）他似乎也同意，善或恶一经形成，就像丝的颜色一经染成，就“不可复变”（见上）。这和他自己所强调说明的善可以变为恶、恶可以变为善的看法是相矛盾的。但是，善或恶如果不受到相反的、有效的人为影响或客观因素的足够作用，也就会“终于善”，“终于恶”。并且，善或恶一经形成而具有一定的优势以后，再要使它转变，就往往较难或很费力或非常困难，以致产生所谓“本性难移”的情况，这也是事实。如果善恶是和人的根本立场密切联系着的，就会这样。不过人的根本立场也在一定条件下有可能改变或产生一定限度的改变。所以善恶的转化也要看具体条件，不能一概而论，不能认为没有难易之别。还有一点，王充也基本上接受了“生之谓性”的说法，而缺乏具体分析，所以在有的地方把“性”和“命”联系在一起说。例如，他说：“人禀元气于天，各受寿夭之命，以立长短之形……人体已定，不可增减。用气为性，性成命定。”（《论衡·无形》）他的“论人之性，定有善恶”的说法，其实也是对问题的具体分析考察不够而囿于前人成见的结果。这是他的学说的阴暗的一面。他是相信机械论的命定说的。所以他所说的“性”是“生之谓性”的“性”，把“性”和“命”看作同一来源。但“人之性有善有恶”的说法，其实只有对“渐化”而成的性才可以用得上，对“形具”而生的“性”是很难说的。可见，王充对人性的问题一方面有创新的很光辉的见解，一方面又没有摆脱一些不恰当的陈旧观点。再有一点，王充是把“人之性”的问题和政治及教育的设施联系起来的。他说：“性情者人治之本，礼乐所从生也。”这是明白说明了关于“人之性”这种理论不是徒然的。这也是值得注意的一点。他大概注意到，这一类学说都和一定的社会政治实际问题联系着，实际上也确是如此。

十、王充对善恶问题有创新贡献，但未跳出前人的两个基本观点①

王充在他的《论衡·本性》中对在他之前关于人性的善恶问题的一些不同见解，作了一个总结性的简要评述。他讲到世硕一派说：“周人世硕以为人性有善有恶。举人之善性，养而致之则善长。性恶，养而致之则恶长。如此，则性各有阴阳，

① 本文出自《心理学简札》，人民教育出版社，2009年9月第1版，卷九，第598页。

善恶在所养焉。……宓子贱，漆雕开，公孙尼子之徒亦论情性，与世子相出入，皆言性有善有恶。”（《论衡·本性》，以下征引的除另有说明外，均见本篇。）这一派的主要论点是，性有善有恶。王充自己也属这一派，但有重要的发展。可注意的一点是，世硕认为“性各有阴阳”，用“阴阳”来说明性的善恶。但阴阳和善恶是怎样的关系，则从王充的引述看不出来。如果仅仅是抽象、笼统地把阴阳和性的善恶联系起来，就等于什么也没有说明，只能给问题蒙上一种神秘的意味。王充自己并没有承袭这种说法。他说：“不论性之善恶，徒议外内阴阳，理难以知。”他强调说明善恶是量的不同所产生，不是质的差别的结果（见前条），这在实质上是和阴阳说是对立的。他显然认为什么事物都含有阴阳，不能说某种事物只有阴或只有阳。这是比较接近于辩证观点的。这是他的一种卓见所在。在思想史上有一些人，用“阴阳”之类来说明性情的善恶，这是一种离开实际，走向玄虚的思想倾向。这一不良传统在世硕身上已开始了。又，世硕所说的“养”应是一个重要问题，但王充没有作什么介绍，现在就无法知道。王充也批评了孟轲的性善论和荀况的性恶论。他自己既认为性有善有恶，当然要不同意普遍的单纯性善论和单纯性恶论。他举出一些在传说中从小就被认为品质不好的人（如殷纣和羊舌食我），作为事例来反驳孟轲，也同样举出一些从小就被认为品质善良的人（如后稷和孔丘）来反驳荀况。但他又根据“人禀天地之性”，必然有差别，因而有善也有恶这种先验论来肯定孟轲和荀况的先验论都有一部分理由（“亦有所缘”）。这在他是当然的。他用来肯定荀况的性恶论的一种事实是：“一岁婴儿无辞让之心；见食，号欲食之；见好，啼欲玩之；长大之后，禁情割欲，勉励为善矣。”这确然是明明白白的普通事实。唯心论的儒家总是不顾这种明摆着的事实，不加考察分析，而喜好玄虚、抽象之谈。但问题在于，一岁幼儿还没有那种“辞让之心”，怎么就能算得上恶呢？所谓“禁情割欲”，也就不对。荀况并不是主张“禁情割欲”的。王充用来批评孟轲和荀况的论点，一是说传说中有些事例说明有从小就被认为恶的恶人和从小就被认为善的善人。但这种传说都是可靠的吗？一般看来，像这类传说不会是可靠的。富于批判精神的王充却在这种地方往往解除了自己的武装！即使有些人确然在年龄较小的时候，已具有明显的“好”或“不好”的品质，怎么能知道这是“天生的”而不已经是“渐化”而得的呢？幼龄儿童有些表现（如王充所举的“无辞让之心”的事实）原来还说不上善或恶，但成人往往根据自己的主观偏见或无知，给他们无端加上错误的善恶评价。这种“无辞让之心”的事实，只有用来反驳孟轲倒是有力的依据。王充批评孟轲和荀况的论点之二是指出“性本自然，善恶有质”；指出“面色或白或黑，身形或长或短，至老极死，不可变易，天性然也，皆知水土器物形性不同，而莫知善恶禀之异也”；指出“人性有善有恶犹人才有高有下也，高不可下，下不可高，谓性无善恶是谓人才无高下也”；指出“禀性受命，同一实也，命有贵贱，性有善恶，谓性无善恶是谓人命无贵贱也”；指出“九州田土之性善恶不均，故有黄、赤、黑之别，上、中、下之差”；指出“水潦不同，故有清浊之流，东西南北之趋”；指出“人禀天地之性，怀五常之气，或仁或义，性术乖（差别）也，动作趋向或重或轻，性识诡（异）也”。这些说法，总而言之是说，大家知道世界上一切自然产生的东西都有形状和特性的种种不同（“皆知水土器物形性不同”），但没有人知道人由天地（自然）禀受的性有善有恶的差别。这好像很可以驳倒单纯的性善论或性恶论或性无善恶论者了。然而王充忽视了面色或白或黑，身形或长或短，以及田土有黄、赤、黑和上、中、下的差别，这类事物的差异用来譬说“性”是什么意义倒是很可以的，但用来说明“人之性”有善恶的差别就完全不恰当。因为土地的黄赤、面色的白黑这样的事物之性本身都说不上什么善恶。所以，用这种比拟来说明人之性无善无恶也完全同样可以。至于用“人才有高有下”来证实人性有善恶这种逻辑也不能成立。因为王充所说的性是“生之谓性”的性，但不会有生就的高下“人才”，也就不能用来说明有天然的恶性和善性。至于说“命有贵贱”这种说法本身就根本不能成立，也就根本不能用来给“性有善恶”作什么说明。总之，王充对孟轲的性善论和荀况的性恶论的批评，是十分浮浅而软弱无力以至是错误的。他的批评的基本问题，在于只是用一种形式的先验论来批评另一种形式的先验论，因而不会抓着要害。但从这里可以看到，王充主张性有善恶论的主要的但经不起考验的理由和事实依据是什么。至于荀况的性恶论同孟轲的性善论，相形之下有一种实质上的重要优点，有一种重大的进步意义或真理的内核，则王充应该能辨别到，但由于自己还被局限于一些传统观念，完全没有辨别到，好像这两家学说只是各有所偏。这是一个大的失误。王充对告子的性无善恶就像决水可东可西那样的说法的批评意见，除强调自己的相反意见即性有善有恶外，完全是以孔丘的说法为依据来衡量的。他说：“初禀天然之姿，受纯壹之气，故生而兆见，善恶可察（人性原来是禀受天然的状态和单一的气质而产生的，所以出生时就有一定的征兆，可以看到善和恶）。无分于善恶，可推移者，谓中人也（分不出善恶，可以向这方或那方转移的，那是就中间的人说的），不善不恶，须教成者也（原是不善不恶的，要经过教育才成为善或恶）。故孔子曰，‘中人以上可以语上也，中人以下不可以语上也’。告子以决水喻者徒谓中人，非指极善极恶也。……夫中人之性在所习焉。……至于极善极恶，非复在习。故孔子曰，‘惟上智与下愚不移’。性有善不善，圣化贤教，不能复移易。孔子道德之祖，诸子之中最卓者也，而曰‘上智下愚不移’，故知告子之言未得实也。”这完全是把孔丘的看法当作真理的最高标准来错误地衡量告子的理论的，认为告子的说法只适用于“中人”，对上下两头就都不适用。在这里，王充承认有不是由于习染（“非复在习”）而固定不移的善恶，这就和他自己所强调主张的善恶都可以因习染而转化的说法直接相抵触了。这就表明，王充在这种地方一碰上孔丘就把自己的可贵见解也完全抛弃掉。这也是由于他在另一方面一定要抱住“性本自然，善恶有质”和“命有贵贱，性有善恶”这种很成问题的看法所导致的一种结果。他承认有“无分于善恶”的中人，也和他自己所强调的性有善有恶的看法相矛盾。告子的时代似在世硕诸人之后，他的性无善恶的理论大概是用来反对世硕一派所宣扬并且看来已相当流行的性有善有恶的看法的，是反先验论的，因而也就是当时的一种比较结合实际的进步思想。王充关于“人之性”的问题的看法的主要方面，即可贵的进步方面，如他所说“夫人之性犹蓬纱也，在所渐染而善恶变矣”，以及说人的善恶“竟在化不在性也”（均见《率性》）其实和告子的思想是最接近的。他的强调善可变为恶，恶可变为善，也大大降低了“生性”的决定意义，而大大着重了“渐化”或“教”的作用。这也是接近了告子的。所以，他承认告子的学说“亦有缘”（也有理由），但蔽于孔丘的那种教条，因而不能清楚看到告子学说的重要意义所在。这说明他对自己的可贵见解也还欠明确和坚定的认识，因此对告子的见解的评论还只能限于表面的常谈，并在论证上表现出显然的混乱。这一情况在他评述其他人关于性的善恶问题的见解时也多少是如此。其实，这是他在《论衡》的许多地方都表现出来的一种令人感到惊异的缺陷。他能向当时泛滥流行的种种关于妖异、祥瑞以及传统教条之类的迷信、错误思想勇猛揭露、进攻，闪发出耀目的光芒，但另一方面又仍被一些明显的迷信思想和传统观念所束缚，如相信命定论和还是信奉孔丘之类。这是他摆脱孔门思想和流俗看法还不够的表现。王充对董仲舒关于人性的说法，只是批评了他用阴阳来作的解释。他引董仲舒的话说：“天之大经，一阴一阳；人之大经，一情一性。性生于阳，情生于阴。阴气鄙，阳气仁。曰性善者是见其阳者也，谓恶者是见其阴者也。”王充指出，这种说法用来说明孟荀“二家各有见，可也”，但并不能说明人的情性的有善有恶，因为人的情性“同生于阴阳”，只能有“厚薄”的差别，不能有“纯善”这种情况。董仲舒用“阴阳”来说明性和情以及善和恶的分别，是完全离开具体实际情况的玄虚之谈。王充给予的批评是有可取之处的，虽然用作批评的理由仍没有脱离阴阳的抽象概念。但董仲舒关于人性问题的言论的要点，在于他的“性三品说”。王充对此反没有提到。“性三品说”完全是孔丘的看法的翻版，而王充关于性的理论的一个方面，如上所说，是和孔丘的看法有一致之处的。他的避而不谈是可以理解的。王充又评论了刘向关于性的理论。王充引刘向说：“性，生而然者也，在于身而不发。情，接于物而然者也，出形于外。形外则谓之阳，不发者则谓之阴。”王充认为这种用“不与物接”和“接于物”来分别性和情的内外和阴阳是缺乏根据的，因为“性亦与物接”而“形出于外”的，并且阴阳的说法也说明不了善恶问题。王充指出这两点，是对的。王充认为，“内外阴阳”这种说法“不论性之善恶，徒议内外阴阳，理难以知”。确是这样。那种说法是把问题抽象化、神秘化的说法，无助于并且只能有害于对问题取得正确的理解。这是关于人性善恶问题的思想史上所产生的一种唯心论的倾向。此外，可以看到刘向也是采用“生之谓性”的说法的（“生而然者”）。刘向以为性是阴，情是阳，和董仲舒的说法正相反，可见阴阳的说法完全是任意的。王充也提到陆贾的看法，引他的话说：“天地生人也以礼义之性。人能察己所以受命则顺，顺则谓道。”这是明明白白一种先验论的性善论，认为人只要能觉察到自己所禀受的善性就好了，就符合道理了。但陆贾接触到认识对善恶的作用。王充则指出：“性善者不待察而自善，性恶者虽能察之，犹背礼义。”认识对善恶是有一定限度的作用的。陆贾提到这一点，虽语而不详，也是可取的。但王充完全否定了这种作用。陆贾的主要问题在于主张一种先验论的性善论，王充却由于自己承认性有善有恶而没有能给予指出。此外，王充还提到扬雄的“人性善恶混”这一先验论的看法，也由于他自己认为性有善有恶而予以肯定，认为这是适用于“中人”的。由此可以看到，王充的性有善有恶论是既适用于“善恶混”的中人，也适用于“有善无恶的上等人”和“有恶无善的下等人”的，虽然他又不承认有“纯善”，因而也大概不承认有“纯恶”。因此，王充的性有善恶论，考察到最后，显得也是一种“性三品说”。这样，就无怪他关于人性问题的看法的一个方面上是和孔丘那样一致了。不过要再一次指出，这不是王充的性论的主要而值得重视的进步一面。

总的看起来，王充对前人关于性的善恶问题的几种看法的评论是成就很少的。主要的一个成就是看到了“内外阴阳”这种说法的玄虚性。成就所以有限，是因为在两个基本观点上还没有能完全跳出前人的圈子，一是“生之谓性”的观点，二是“人之性定有善恶”的观点。因而，他对前人的评论多少还只能限于表面，主要只是把他们互相比较一番。他最后的结论说：“由孟子以下至刘子政（刘向）……论情性，竟无定是，惟世硕、公孙尼子之徒颇得其正。”王充自己对性的善恶问题是有可贵的创新贡献的，但他在评论前人的看法时，没有运用自己的新见解去分析、衡量，重复了一些陈辞旧说。他忽视了告子和荀况的学说的可贵实质。他只提到“杨子哭歧途，墨子哭练丝”，而对两家的有关言论则没有一句评述。这未免是一个重要遗漏。这都是由于受了一种偏见的影响而还没有能摆脱吧。在阶级社会中，关于“人之性”的学说也必然都打上阶级的烙印。孔丘那种把人性分作三种情况的看法完全是适应于维护那时早已存在的阶级分化情况的。一边是“高贵”的上层阶级，另一边是“卑贱”的下层阶级，还有一部分是介乎其间而有可能上升下降的中层阶级。在顽固守旧派的人看来，上层阶级是天生贤良的铁板一块，下层阶级则是天生蠢恶的铁板一块，只有中层阶级有上下移动的可能。所以关于人性善恶问题的学说大都是孔丘的那种三分说。董仲舒的性三品说是表现最露骨，也最明白说明了三分说的阶级意义。其实，凡主张人性天生有善有恶或善恶混的说法都在实质上归根是一种三分说，都是为维护阶级分化状态服务的。从王充的例子就可以明白这一点。所以，王充对前人关于人性的学说的批判不能深入透彻，是有其必然的阶级原因和历史原因的。王充对人性问题的看法的特点，在于比较倾向于具体情况，比较结合实际，而不那样抽象以致玄虚，因而比较能看到发展变化的方面，认为善恶都可以因习染或教育而产生一定的转化或加以改变，而不是那样地僵硬死板。王充在“人之性”的问题上鲜明地表现了主张决定于习染的进步思想，所以能在看法上迈进了不小的一步，比荀况也有明显的前进。但他由于阶级地位，在另一方面仍受着一些传统唯心观点的束缚。他只对人性的实质问题提供了一可贵的见解，但还没有明确理解到。

十一、王充思想的最大缺点及其突出的五点贡献[①]

对王充关于“人之性”的见解，还需要进一步考察一下。前条已指出，他是把“性”和“命”相提并论的。这是他对

① 本文出自《心理学简札》，人民教育出版社，2009年9月第1版，卷九，第606页。

“性”的理论的一个基本出发点。这也是他所接受的一种传统的、形而上学的错误看法。他在《论衡》第一部分集中地谈论了人的遭遇、祸福、夭寿、贫富、贵贱这类所谓命运的问题的十几篇文章中，有不少地方都把“性”和“命”连在一起说。（把“性”和“命”在一起说，在王充以前早已有了。）其实，他专说“性”的问题的两篇（《率性》和《本性》）也是归在那十几篇之内的。从这一点也可以看到，在王充的理论中“性”和“命”是怎样密切联系着。王充思想的一个大的缺点是相信命定论，他相信“死生有命，富贵在天”（《论衡·命义》）的说法。不过他所说的“天”是自然的天，和“大自然”是一样的意思，因此也和荀况所说的“天”是一样的，不是有“上帝”的意义的天。他从他那种朴素的唯物论来理解人，认为人和其他的动物一样，都是禀受自然的“元气”而生的，因而人是怎样的人都是自然所决定的。但人和其他的东西禀受的“元气”的情况不一样，所以不同的动物又有雌雄、大小等等的差别，而人是禀受了“元气”最好的（“天地之性，人最为贵”）。（《论衡·无形》）他认为一个人既禀受了一定的“元气”而生，他是怎样一种事物，有怎样的特征或特性（“性”）也就决定了下来，他以后能生活得怎样（“命”）也同时决定了下来。这是王充关于“命”和“性”的由来及其互相关系的说明。他说：“俱禀元气，或独为人，或为禽兽；并为人（同样是人），或贵或贱，或贫或富……非天（自然）禀施有左右（偏向）也，人物受性（性命，生命的意思）有厚薄也。”（《论衡·幸偶》）他又说：“人禀元气于天，各受寿夭之命，以立长短之形……人体已定，不可增减。用气为性，性成命定。”（《论衡·无形》）这是说，由于“气”而形成“性”，“性”形成了，“命”也就决定了，“命”既定以后就“不可增减”。这似乎认为“命”是因“性”而定的，人有了怎样的“性”，也就有了怎样的命运前途，但实际不是这个意思。王充说：“人生受性，则受命矣。性命俱禀，同时并得，非先禀性，后乃受命也。”（《论衡·初禀》）由于“性”和“命”是这样的密切关系，所以王充在有些地方把二者合在一起说。例如说：“人生性命当富贵者，初禀自然之气，教育长大，富贵之命效矣。”（《论衡·初禀》）甚至说：“案骨节之法（按照骨相的道理），察皮肤之理以审（确知）人之性命，无不应者。”（《论衡·骨相》）由于王充采取那样的自然命定论（也可以说是禀气命定论），他甚至相信“骨相”的说法，用了一个专篇论述了这问题。他说：“命甚易知。知之何用（用什么来知？），用之骨体（骨相）。人命禀于天，则有表候于体。察表候以知命，犹察斗斛以知容（容积）矣。表候者骨法之谓也。”又说：“贵贱贫富命也。操行清浊性也。非徒命有骨法，性亦有骨法。惟知命有明相，莫知性有骨法，此见命之表征，不见性之符验也。”（《论衡·骨相》）他概括起来说：“性命系于形体明矣。”（《论衡·骨相》）王充所谓“骨法”之类是指面貌、皮色、语声，以及其他的身体特征。他以为“性”和“命”都可由面貌、皮色、语声等身体特征“表征”出来。可见王充的自然命定论已发展到庸俗以至荒诞迷信的程度，令人讶异，虽然他这里的基本观点仍是属于唯物论的（当然是机械论的）。但这里且置而不论。这里要注意的是，王充从自然命定论推断出来的关于“性”的论断。他认为不仅人所遭遇的“命运”是命定的，人所表现的“性”也是命定的。这样，他提出“论人之性，定（定然）有善有恶”（《论衡·率性》）的看法以及赞同孔丘的“惟上智与下愚不移”的说法就有了他的理论根据了。这种命定论的论断和他所强调的善可以变为恶、恶可以变为善的论断是直接互相抵触的。因此，王充关于“性”的见解显然具有直接相反的两方面。他对“性”的理论的可贵贡献在于强调指出善恶都可以在一定条件下转化这一方面。另一点要注意的是，王充也依据命定论，认为“性命系于形体”而由“骨法”表现出来这一见解（见上）。这一见解本身是很成问题的，但说明王充心目中的“性”是可以在人的形体方面表现出来的，是具体而可以“察知”的。他举的例子是：“越王为人长颈鸟喙，可与共患难，不可与共荣乐”，以及“秦王为人隆准长目，鸷膺豺声，少恩，虎视狼心”（《论衡·骨相》）。这种例子也很成问题，但可以表明他所说的“性”是有具体可察的表征的，不是什么不可捉摸的东西，更不是什么玄虚的东西，如唯心论所说的那样。这却是一种具有可贵的核心的唯物论观点，虽然阐明得很欠恰当。在这一点上，王充和荀况是类似的。他们的错误都含有正确的成分。因为他们都是朴素唯物论者。就王充在这里所提到的看法而论，他这种看法强调了“性”和“形体”的必然联系。这是很值得重视的一点。但他的这一点表达得很不恰当，以致成为明显的错误。因为照他那么讲，就把形体的“性”或生理的“性”（如身材、面貌、强弱、语声等等）和心理的“性”混同起来了，而这两者是应加以区别而不容混同的。由于这样混同，就认为心理的“性”（例如善恶有关的“性”）也和形体的“性”同样是基本上生定的。那就是很大的误解。这种性由生定的看法也和受了“生之谓性”这个传统观念的束缚有联系。因为强调了“性”是生定的一面，就忽视了善恶都是荀况所说的“伪”的结果，是习染的结果。但是，王充的看法的另一面是承认善恶都是可以转化的，并且实际上已接触到“伪”的结果也可以成为一种性这一点（见前条），因而指向了人的心理的“性”可以发展变化这一事实。但王充自己显得没有明白觉察到这一点，所以没有予以应有的发挥和肯定。总之，王充对“人之性”的见解虽然有很可贵的进步一面，但没有能予以发扬以达到克服保守、因袭的一面的效果。还有一点，王充从自然命定论出发，认为世界事物的规律是不以人的意志为转移的，这当然是一种唯物论的观点。但因此把人看成只能受自己的“命”和周围环境的摆布，几乎完全没有一点主观的能动作用。他似乎只看到客观事物和生活环境的力量，而看不到人也有他自己能起的作用。这也就是《论衡》开头的十多篇的议论所表现的主调，但《率性》要除外。这是他的唯物论的机械论一面所表现的命定论必然导致的结果。这是王充的思想的阴暗一面。这和他自己的不顺利遭遇以及所处社会的阴暗混乱情况也有一定关系。他所写下来的那十几篇作为他所处当时社会的黑暗情况的描述，大概倒是一幅如实的图画。在看到人所能有的主动作用这一点上，王充显然不及荀况。所以王充的朴素唯物论观点虽然显有朴素的辩证一面，却又有较严重的机械论一面。最后归结起来，王充的人性理论在历史上显得突出的积极贡献有这样的几点：（1）强调了善和恶都能在一定条件下产生转变；（2）提出了人性的发展变化观点，指出善恶在教和习而不在性；（3）在实质上接近了性本无善恶的看法；（4）强调了化性起“伪”的结果，也可以成为性；（5）指出了性和形体的必然联系。

十二、韩愈关于儒家人性理论的一种大体的综合[①]

韩愈关于人性的见解是我国两千多年中人性理论发展史在儒家一派方面的一个中间环节。他代表前一阶段的终结，而他的学生李翱则代表后一阶段的开始。他的见解并没有什么创新之处，只是在他之前的儒家关于人性理论的一种大体的综合。

首先，他也是从“生之谓性”这个前提出发的。他说，“性也者与生俱生也”（这里和以下所引韩愈的话均见他的《原性》一文）。他没有对什么叫作“性”这个问题作什么说明。其次，他把“情”和“性”明白地区分开来。他说，“情也者接于物而生也”。这样就把“情”说成和荀况说的

① 本文出自《心理学简札》，人民教育出版社，2009年9月第1版，卷九，第662页。

“欲”是同样的意思。把“情”和“性”区分开来，在董仲舒和刘向用阴阳说明“性”和“情”的不同已有了前例。并且董仲舒认为“情生于阴……谓恶者是见其阴者也”。把“情”看成恶的这个儒家的错误看法大概也是韩愈所同意的，因为他认为在情方面只能全部是恶的。“下等人”在情方面是“直情而行”的。这就给后来儒家认为情是恶的来源这种错误观点开了端。韩愈关于性的基本见解，是主张性有善有恶和分作“上、中、下”的“三品说”。这是直接继承董仲舒唯心论的“性三品说”的，而最后的根源则在于孔丘的三分说。韩愈说：“性之品有三而其所以为性者五……性之品有上、中、下三。上焉者善而已矣，中焉者可导而上下也，下焉者恶而已矣。其所以为性者五，曰仁、曰礼、曰信、曰义、曰智。上焉者之于五也，主于一而行于四（以其中之一为主，但也表现其余的四项）；中焉者之于五也，一不少有焉则少反焉（对其中一项不是多少有一点，就是多少是违反的）；其于四也混（对其余四种也杂而不纯）；下焉者之于五也，反于一而悖于四（违反其中之一，并对其余四种也不符合）。”可见，韩愈对“人之性”的看法和董仲舒以及孔丘的三分说是基本上一样的，也同样错误。他虽然把情和性区分开来，但认为二者在实际上是一致的。他说，“性之情视其品”，又说，“情之于性视其品”。这是说性和情的关系在二者的“品”的一致性上可以看到。因此，他认为情也同样有上、中、下三品，和性的三品相当。这可以算是他的一点创见吧！他说：“情之品有上、中、下三，其所以为情者七，曰喜、曰怒、曰哀、曰惧、曰爱、曰恶、曰欲。上焉者之于七也，动而处其中（动了就能适中、恰当）；中焉者之于七也，有所甚，有所亡（有所过分，有所缺乏），然而求合其中者也（但总是求适中的）；下焉者之于七也，亡与甚，直情而行者也（不是缺乏，就是过分，是逞情而行的）。”这里，韩愈采取了《礼记》所说把“欲”包括在内的七情说。同时可以看到，照韩愈的说法，性的三品和情的三品是两两相当的。所以情也并不总是恶的。但在“上品”的人那里，情为什么总能“处其中”，在“下品”的人那里又总只能“直情而行”，他没有明白说明。大概他认为“情”的品就是“性”的品所决定的吧。还有一点，韩愈认为性是由“仁”“礼”“信”“义”“智”构成的，这五种“德”都是善的。那么，他关于性的见解在实质上是和孟轲同样的一种先验论的性善论。但为什么“下品”的人的性只能总是“恶焉而已矣”的呢？这更是一个应该说明而韩愈却没有作任何说明的问题。其实，韩愈的全部关于性以及情的见解，都只是主观独断式的论断，都没有提出这种论断的真实依据或理由。他所用作佐证的“事实”不过是以前一些人错误地重复引用过的一些据说是一生下来就表现善性或恶性的人那种绝不可靠的传说。这是唯心论儒家之流关于人性论在论证方面的一个共同的谬误。关于情和性的“接于物”和“不接于物”的区分的成为问题，王充就已正确地指出“性亦与物接”（《论衡·本性》）。至于“上品”的性和“下品”的性和董仲舒所说“圣人君子”的性和“斗筲小人”的性一样都是完全没有事实依据的主观独断说法。一般儒家关于人性的理论都有这种主观独断的实质，也就是形而上学唯心论的实质。韩愈也采取了孔丘所谓“上智下愚不移”的看法，认为唯一可能的改变是“上之性就学而愈明，下之性畏威而寡罪，是故上者可教而下者可制”。这是说，上品的性只会因学习而更加善，下品的性则是不可教的，只能加以制裁而使之少犯罪。这是儒家的人性论所具有的最明白的阶级性实质。此外，主张性有善恶的韩愈又认为孟轲的性善论，荀况的性恶论和扬雄的性善恶混的说法，都是“举其中而遗其上下”的，是“得其一而失其二”的。这就是说，他们都没有讲到孔丘和董仲舒所说在他可能认为是最重要的固定不移的两头。因为照他看，性善论就得承认原来是善的后来却成为恶的（“始善而进恶”），性恶论就得承认原来是恶的后来却成为善的（“始恶而进善”），而性善恶混的说法也得承认原来是善恶混的，后来却分别成为善的和恶的（“始也混而今也善恶”）。这都只能说明中间的情况，而不能说明两头的所谓不移的情况。韩愈这种辩论却同时说明了一点，就是，承认了性善或性恶或性有善有恶或性善恶混，就实际上要发展成为或意味着“性三品说”的看法，因而就适合于奴隶社会和封建社会的阶级分化情况，而为之服务。归总起来看，韩愈关于人性的见解主要是继承在他之前的唯心论儒家的性三品说的，但同时偏倾于孟轲的性善论。不过，怎样能把性三品说和性善论结合起来，这个问题却是他无法说清楚的一个逻辑矛盾。又，韩愈的性论和所有其他儒家的性论一样，都企图从“性”（以及“情”）本身来说明善和恶，而完全看不到善恶和社会的联系，因而也就无论如何总是无法说清楚。总之，韩愈所信奉的性三品说完全是唯心论、形而上学的理论，是适应奴隶社会和封建社会中鲜明的阶级分化情况，为这种阶级分化提供虚构的理由，因而企图使它得到巩固的。所以，性三品说之类倒是那时社会的阶级分化的一种如实的反映，但要把它颠倒过来看。

十三、柳宗元的《天爵论》中关于人性的论述，是接近于科学的杰出见解[①]

柳宗元的《天爵论》（《柳河东集》，上海人民出版社1974年版，第49—51页）在实质上也是论“人性”问题的。“天爵”是孟轲的说法。他说：“有天爵者，有人爵者。仁义忠信，乐善不倦，此天爵也。公卿大夫，此人爵也。”（见《孟子·告子上》）“爵”是“爵位”，是尊贵的地位的意思。“天爵”是说人所有的天然高贵的地位。“人爵”是指人为的尊贵地位。孟轲认为“仁、义、忠、信”这种道德品质是人的天爵，而公卿大夫这种爵位则不过是人爵。柳宗元在《天爵论》中强调说明孟轲那种天爵的说法是片面的（“未之尽也”），所以要提出他自己的不同见解。他说：“夫天之贵斯人也（大自然的使人尊贵），则付刚健纯粹之于其躬（在于把强健和精粹两种特性给予他的身体），倬为至灵（使人突出而成为万物之灵），大者为圣，其次贤能，所谓贵也（这是人所以为贵的实质）。刚健之气钟于人也为志（刚健之气在于人成为意志），得之者运行而可大（得了它可以通过

① 本文出自《心理学简札》，人民教育出版社，2009年9月第1版，卷九，第691页。

运用而增大），悠久而不息（经久而不停息），拳拳于得善（坚持着做好事），孜孜于嗜学（勤勉地爱好学习），则志者其一端耳（这是意志的一个方面）。纯粹之气注于人也为明（精粹之气进入人体就成为明智），得之者爽达而先觉（有了它就成为爽亮通达而有先见之明），鉴照而无隐（能察见事理而没有看不到之处），肫肫于独见（有真实的独到见解），渊渊于默识（有深刻的意会），则明者又其一端耳（这是明智的另一个方面）。明离为天之用【光明照耀是大自然的功用（日和月称为离）】，恒久为天之道（经久不息是大自然的规律），举斯二者，人伦之要尽是焉（有了这两样，人类的主要实质就尽于此了）。故善言天爵者不必在道德忠信，明与志而已矣【对天爵说明得好的人不必说到道德忠信，指出明智和意志这两样就够了（这是反驳孟轲的）。着重号为笔者所加】。道德之于人犹阴阳之于天也。仁义忠信犹春秋冬夏也。举明离之用，运恒久之道，所以成四时而行阴阳也（大自然有了光明照耀的功用，运行经常不息的规律，这是由此而形成四时的变化，并产生阴阳的运转的）。宣无隐之明，著不息之志，所以备四美而富道德也（人发扬了无所不察的明智，突出了强健不息的意志，这是由此而能具备仁义忠信四种美德，使道德积蓄起来的）。故人有好学不倦而迷其道，挠其志者，明之不至耳

（有人虽然好学不倦，但误入歧途，阻碍了意志之实现，这是由于明智的不够）。有照物无遗而荡其性，脱其守者，志之不至耳（有人对事物明察无遗，但放任了自己的本性，背离了自己的操守，这是由于意志的不够）。明以鉴之，志以取之（用明智来鉴别，用意志来进取），役用其道德之本（发动道德的本源），舒布其五常之质（施展五种主要的品质），充之而弥六合，播之而奋百代（扩充起来可以遍及广大的世界，传播下去足以振奋世世代代），圣贤之事也（这是“圣贤人”所要做的事情）。然则圣贤之异庸愚也（原无“庸”字，依下文及语气加），职此而已（“圣贤人”不同于“庸愚的人”的地方只是在这里）。使仲尼之志之明可得而夺，则庸夫矣，授之于庸夫则仲尼矣（如果能把仲尼的意志和明智剥夺掉，那就成了庸人了。如果能把二者给予庸人，也就成了仲尼）。若乃明之远迩，志之恒久，庸非天爵之有级哉？（至于明智有远有近，意志有久有暂，岂不说明天爵有程度差别吗？）故圣人曰，‘敏以求之’，明之谓也（所以“圣人”说，“积极地去求取”这是就明智而说的）；‘为之不厌’，志之谓也（又说，“行的时候不产生厌倦”，这是指意志而说的）。道德与五常，存乎人者也。克明而有恒，受乎天者也（道德和五种主要品质是在于人为的。能够明智而坚持不息，那是从自然得来）。呜呼！

后之学者尽力于其所及焉（以后要学习的人就尽力于自己所能做到的吧）。或曰，子所谓天付之者，若开府库焉，量而与之耶？（有人说，所谓自然给予的，就像打开仓库，经过计量而给予的吗？）曰，否。其各合乎气者也（不是。是照各人所禀受到的元气是怎样而就怎样的）。庄周言天曰自然。吾从之。”（以上所引柳宗元的话，均见《天爵论》）以上把全文作了较详的介绍。因为文章是用和秦以前差不多的文体写的，所以作了较多的今译以弄明白意义。这篇论文提出了一种关于人性的接近于科学的独特见解，其中的主要论点在过去的全部思想史中，似乎没有第二个人这样讲过。在他之前和之后的人，而尤其是儒家谈论人性问题的都主要是或完全是从善恶、道德方面来讲的。柳宗元很恰当地指出，这是片面的、“不尽然”的看法。他认为这种看法都没有接触到根本的问题，所以都是片面之见。他指出，使人成为世界中最可贵的东西的基本实质（“天爵”）在于高度的意志和明智（“明与志”，也就是现在说的“知”和“意”），而道德品质是派生的。换言之，《天爵论》分析的问题是一个心理学的根本问题。这在我国历史上无疑是一种光辉突出的深邃见解。柳宗元由于时代和阶级局限性，也有一些不合适或成问题的看法，如所谓“刚健之气”和“纯粹之气”以及所谓“圣人”和“庸夫”之类，还有对孔丘的迷信以及没有注意到人性和道德对阶级以及一般社会的关系。孟轲的天爵说法原来就不恰当，不只是片面性的问题。但暂且把这些摆在一边，主要来看看这篇论文所提出的最值得重视的见解。柳宗元首先强调的一点是，人所以成为世界中最可尊贵的东西，是由于具有两种特性，即强健不息的意志和透亮不杂的明智。他所说的“志”或“意志”是无须解释的。他所说的“明”或“明智”就相当于现在所说的“识”或“知”或“认识”的意思。可以看到，这一见解是符合于科学的心理学所应该采取的论断的。的确，如柳宗元所说，有了这两样，人类的基本实质或特性就尽于此了。但这二者并不是互相独立的，而是互相结合在一起而相辅相成的两个方面。所以他说，“其一端耳”和“又其一端耳”。所以，要对可贵的人类自然特性（“天爵”）阐明得好，不能局限于道德或善恶问题，能阐明“志”和“明”这两端就基本上行了。因为用“志”和“明”这两端来阐明比局限于道德或善恶问题来阐明要深刻确切得多，能接触到根本的问题。这是柳宗元的《天爵论》所提出的一个极为重要的论点，是他的一个十分辉煌独到的见解。在这个见解上，先前的思、孟、董、扬，同时的韩、李，以及后来的程、朱、陆、王等，在相形之下，就都显得局促于一隅的“陋儒”了。其次一点是指出，“志”和“明”是人的道德品质在性方面的一种基础或先行条件。能“宣无隐之明，著不息之志”，才能“备四美而富道德”。有些人“迷其道，挠其志”，有些人“荡其性，脱其守”，都基本上是由于“明不至”或“志不至”的缘故。这也是能深入事物实质的可贵见解。柳宗元因而指出，有志于学习的人要在“志”和“明”这两端来尽力于自己所能做到的事情。这也是一种对别人的切实建议。至于除了可以理解的由于时代和阶级局限性而不可避免的一些不适当以及成问题的说法外，是否柳宗元的《天爵论》还有什么别的缺点呢？其中之一是把大自然和人比拟得太接近。好像大自然也有相当于人的“志”和“明”的特性，这是有问题的。大自然可以说有“刚健”的方面，因为全部自然界都在永远不断地、不可阻挠地变化、运行、发展着。所以很早就有人说“天行健”（见《易经》）。这是对的。不过不能说大自然也有类于人的意志。至于要说自然界也有“纯粹”的方面，因而有“明离之用”，这就很成问题。因为，这样就要认为全部自然界都有识有知了。变化、运动、发展是一切“气”（物质）所固有的特性。但识或知则只有具有一定组织的“气”才有。只有人这样高度组织起来的有机体才能有人所能有的最高度的“明”或认识能力。其次一点是，人的“志”和“明”都不是自然而然就完备的，都要经过学习、实践、锻炼或柳宗元所说的发扬（“宣”）、提高（“著”）或尽力去做（“尽力于其所及”），才能得到一定高度的发展。所以孟轲的“天爵”说法本来就是错误的。柳宗元所说“克明而有恒，受乎天者也”，因此也有片面性的错误。不过从上面所说可以看到，他也不是完全不知道这一点。但他没有清楚认识到这一点。因为，否则，他就不会用“天爵”来作论题了。

不过，这个问题还有另外一面，就是，人的“志”和“明”要得到一定的发展，也要在人的机体方面具有一定的内在条件。不过这种内在条件不一定总是天然的。此外，有一个较重大的缺陷在于完全忽视了人的“志”和“明”的实现或发展或必需的社会条件。《天爵论》的主调是“天受”，说得好像人的“志”和“明”的发展只要通过人自己“尽力”就行，没有考虑到还必须有一定的社会条件。这是柳宗元的论证中所含有的一种唯心论倾向。在过去的阶级社会中，人们的“志”和“明”不可能得到应有的发展，绝大多数人只能得到很有限的发展。甚至只是歪曲的畸形的发展。因此柳宗元在《天爵论》中所阐明的光辉理论也只能徒托空言。在旧社会中的人的全部个性的阶级局限性以及绝大多数人所受到的沉重阶级迫害当然是柳宗元所难于明白理会到的。柳宗元的另一篇重要论文就是一向有名的《封建论》。《封建论》在当时就受到重视并起了实际的作用。李唐王朝成立以后，统治者就考虑是否要采用分封制。当时有人主张，有人反对，一直争论着。到了柳宗元的《封建论》出来后，才有了定论。但《天爵论》完全没有这样的遭遇。虽然后来的一千多年中，关于人性问题的争论一直是哄闹着的，但一直是由依靠着封建统治权力的支持的程、朱、陆、王派占据绝对优势。《天爵论》像被打入了“冷官”，其中的可贵论点似乎没有得到一点反响，只能作为一种宝贵的历史遗产，像保存在古墓中的贵重文物，留待解放后的人民来掘取。从《封建论》和《天爵论》看来，站在朴素唯物论方面的柳宗元，确乎是一个很杰出的理论家，和同时的刘禹锡相匹敌，但在那时的封建压迫的社会历史条件下，都没有能足够发挥他们的理论才能。他们在文学上和韩愈齐名，但很早就有人指出，在“议论”上，他们胜于韩（由于时代风气的影响和政治生活上受挫折，柳宗元和刘禹锡都沾染了相当的佛教唯心思想，见他们文集中的一些诗文）。这一评价无疑是恰当的。

十四、欧阳修未忘“习与性成”的古代宝贵论断，但未能批判唯心论的人性论[①]

到了唐代尤其宋代以后，在儒家关于人性问题的唯心论理论争论的一片吵嚷声中，难得还没有完全忘记“习与性成”这个经过长期考验的、可贵论断的一个人是欧阳修。他对这两句话也只能说虽没有完全忘记但并不理解它的全部意义。他在答复别人的一封信中（《答李翊第二书》，见蔡上翔《王荆公年谱考略》附录，上海人民出版社1974年版，第236—237页）讨论了性的问题，因为这个人写了三篇《性论》，要他提意见。他写信的动机是因为谈性的人太多了，但都有不对的地方，所以也要谈一下。他首先的一点意见是认为性的问题对要研究学问的人不是迫切的，并且是“圣人”所很少谈的。他这一看法的理由是因为他认为儒家的“六经”里所讲的都是有关世务的人事问题，讲性的地方不到百分之一二，或者因为讲别的问题而联系到，不是专讲性的。孔丘对他的学生们的谈话不少，但只有一个地方谈到了性。这个事实估计看来并不很对。“六经”和《论语》中谈到的问题当然很多，谈人性的地方固然较

① 本文出自《心理学简札》，人民教育出版社，2009年9月第1版，卷九，第714页。

少。但即使这样，也不足以说明性的问题不重要。例如孟轲和告子对于性的问题的辩论在当时恐怕是很激烈的，这绝不是徒然的。孔伋和孟轲的言论对后世的影响很大，其中主要的一个因素就是他们关于人性的看法。既然谈人性的人很多，又都有不对的地方，就应该好好谈谈。为什么要少谈呢？他接着说："《书》（《书经》）曰'习与性成'，《语》（《论语》）曰'性相近，习相远'者，戒人慎所习而言也。《中庸》曰'天命之谓性，率性之谓道'者，明性无常，必有以率之也。《乐记》亦曰'感物而动性之欲'者，明物之感人无不至也。然终不言性果善果恶，但戒人慎所习与所感而勤其所以率之者尔。予故曰，因言以及之而不究也。"这里提到了"习与性成"这句已流传近三千年而显得颠扑不破的论断。而还没有被忘记，这就很好。但问题在于把这句话和其他三句从书本上的话相提并论。"性相近，习相远"这句话也强调了"习"，和"习与性成"是有一定联系的。"感物而动，性之欲"这句话有什么联系就难说。至于《中庸》的那句话在实质上是和"习与性成"水火不相容的。因为这句话是先验论的性善论说法。这不是和"习与性成"的意思相反吗？这样的性善论怎么能说"终不言性果善果恶"呢？欧阳修把四句意义很不同的话相提并论，说它们都是告诫人们要小心于学习或习染，真有些和稀泥的手法。可见，他对“习与性成”的真正意义显得并不完全了解。其次，他表现了对当时许多谈人性的人的反感，认为他们不去好好研究许多迫切的现实问题，而喜欢对人性问题追根究底，都是“执后儒之偏说，事无用之空言”。他说他对这种情况是没有闲工夫去打理的。他这样对许多人用“偏说”和“空言”来谈性的批评在当时和后来其实都是很需要的。假如他能大声疾呼一下，不也会有一定好的影响吗？他却表示有些不屑于此的样子。他接着说：“性者与身俱生而人之所皆有也。为君子者修身治人而已，性之善恶不必究也。使性果善耶，身不可以不修，人不可以不治。使性果恶耶，身不可以不修，人不可以不治。不修其身，虽君子而为小人。……能修其身，虽小人而为君子。……治道备，人斯为善矣。……治道失，人斯为恶矣。……故为君子者以修身治人为急，而不穷性以为言。”这里的前半句话是传统的说法，但不完全对。因为和“习与性成”的说法不很一致。后半句话是说人一般都有大体上相同的性。如果所说的性是指“与身俱生”的性，这是基本上不算错的说法。采取这样的说法就要承认人一般的这种性并没有上、中、下三品或善和恶的区分。他这种看法在那时是可贵的。但他又进一层说，做“君子”（地主统治阶级的人）的人要做的事主要在于“修身治人”，对于性的是善是恶不必去究问，因为不管性是善还是恶，都同样不可以不“修身治人”。这就又有些和稀泥的论调！因为，如要“修身”和“治人”，怎样“修”和怎样“治”就和对人性问题怎样理解颇有关系。怎么能说不必去究问呢？并且，他所说“人之所皆有”这种话已承认了人的“与身俱生”的性是说不上善恶之分的。他说，不修身，“君子”就成为“小人”，能修身，“小人”就成为“君子”，政治完善，人就成为好人；否则，人就成为坏人。这就是说，一个人成为怎样的人，是“小人”还是“君子”，是好还是坏，一方面取决于他自己的学习（“修身”）是怎样，另一方面取决于他所受的社会影响是怎样。这样的看法在基本上是符合事实的，是接近于“习与性成”的观点的。这不是明白承认人的“与身俱生”的性是说不上善恶，是因习而异的吗？可见，欧阳修的看法是强调“习”的，类似“习与性成”的观点，但还差一层。最后，他答复了荀况的性恶论和孟轲的性善论以及扬雄的性善恶混论是否都错了这个问题。他说，都没有错（！）。那么，它们为什么不同？他说，它们是“始异而终同”的。因为它们都需要教育，没有教育都不行。它们的说法虽不同（“其言则殊”），它们的用意则相同（“其用心则一”），都是要人去恶就善。所以说它们是“始异而终同”的。欧阳修还说，这三种说法同“习与性成”，“性相近、习相远”，“率性之谓道”以及《乐记》中的说法都是相符合的。他说，凡是谈论到荀、孟、扬三人的学说时，和他的说法一起来看一下，就可以不争论不休了。在这里，欧阳修的和稀泥或者说折中主义可算是登峰造极了！他把“习与性成”这个光辉论断这样来胡乱相比，只能说明他对这句话终究还是缺乏真正的理解。欧阳修自己对人性问题的理论如果能作深入的研究，原来应该可以起很好的对当时思想界纠缠不清的唯心论性论的批判作用，有益于那时和后来的思想界。但他由于自己的社会地位而来的根深蒂固的折中主义思想，使这种应起的作用成为零。然而，他终究是在这样长久的历史年代中还没有忘记“习与性成”这个宝贵的来自古代的论断很难得的一个人。

十五、明代王廷相对人性问题提出了生成和习成两种智能的正确看法[①]

明代中期的王廷相也是我国思想史上一个杰出的唯物论进步思想家。他注意于自然现象的考察并留心于社会实际问题。但他的唯物思想，由于时代限制和阶级限制，是不彻底

① 本文出自《心理学简札》，人民教育出版社，2009年9月第1版，卷十，第883页。

的。他对人性问题也有不少可贵见解，其中有些是很值得特别予以表出的。但他在这方面的看法，由于还没有能摆脱孔孟思想的束缚，颇显得驳杂不清，有不少难于自圆其说之处。从他的时代看，他对于人性问题有一种很精辟的创见可以首先予以注意。他说：“婴儿在胞中自能饮食，出胞时便能视听，此天性之知（属于天性的智能，这里的“知”似不限于知识），神化之不容已者（事物运动变化的必然表现）。自余因习而知（此外就都要由于学习而得知），因悟（通过思维的理解）而知，因过（犯错误）而知，因疑（产生疑问，感到困难或矛盾）而知，皆人道之知也（都是由于人为而获得的智能）。父母兄弟之亲，亦积习稔熟然耳（也要由于积久的相互熟悉和亲密关系才如此）。何以故？使父母生之孩提而乞诸他人养之，长而唯知所养者为亲耳（假使父母生了孩子而请求别人抚养，长大后就只知道和抚养他的人亲爱）。涂而遇诸父母（在路上遇到原来的父母），视之则常人焉耳（看起来不过和普通的人一样），可以侮可以詈也（可以欺侮他们，可以辱骂他们）。此可谓天性之知乎（这可以说是天性的智能吗）？由父子之亲观之，则诸凡万物、万事之知皆因习，因悟，因过，因疑而然（从父子的亲爱关系看，就可以明白对一切事物的智能都是这样而来的），人也，非天也（都是人为的，不是天然的）。近世儒者务为好高之论，别出德性之知，以为知之至（近代的儒生一味喜爱高谈阔论，另外提出什么“德性之知”，以为这才是最高的），而浅博学、审问、慎思、明辨之知为不足（轻视从学习、思考所得的智能以为还不够），而不知圣人虽生知，惟性善近道而已（不知道圣人，虽说“生知”，也要经过同样的发展过程，不过他们的性较好而较近于道而已）。”（《王氏家藏集》卷五十五，《雅述》上篇）这里的议论是偏重对人性的认识或智能方面而说的。显然，这是从事实的留心考察所得出的一种实事求是论断，不是从脱离实际的抽象思辨所推论出来的。这是关于人的心理发展的一种唯物论的合乎科学的确切说明。这种说明指出：婴儿在出生之前就已经能吞咽，在出生后不久就能看能听。这是人体在母体中成长到一定阶段就能表现出来的几种天然智能。这个论断是无可置疑的，因为从动物更可以明白看到这种情况。但除此以外，其余一切知识才能就都不是这样，就都需要在出生以后通过长期的学习（广义的意思，也称积习或习染，含有实践的意思），通过思考和理解，通过犯错误（这是王廷相的独特见解，过去很少人注意到这一点，人的知识才能都要通过一些经常会产生的正常错误才能够得到坚实的发展，包括吸取别人犯的错误的经验教训），也要通过疑问或发现矛盾等等才能得到形成。这都是人力所致的，由人为而得的智能，绝不是天生如此。王廷相举子女对父母亲爱关系的这种最普遍的例子来令人信服地论证这一点。子女对父母的认识和感情是如此，对其他种种事物就不用说了。这一番言论是对过去和后来许许多多关于人的知识才能的唯心论或先验论看法都是最有力的批判和驳斥。王廷相的基本观点是认为，人出生下来的时候是已有一些生成的智能的，但其他的一切都是由以后通过种种途径发展而来，都是习成的，而少数生成的智能不过只是给后来许许多多习成的智能提供一种不能没有的出发点或条件（其他的重要条件当然是外在世界，尤其是生于其中的一定的社会历史条件，但王廷相因他自己的社会局限和时代局限性而忽视了这一点）。就他的时代背景看，他这样的见解可以说是再前进再具有科学性没有的了。这是我国古代关于人性问题的理论发展所达到的另一个重大成就，因而也是一个重要贡献。但王廷相显得没有自觉地看到这一点而予以充分的阐明。他企图把自己这个光辉的正确看法和一些传统的成问题的看法，尤其是孔孟的看法或儒家经典中的某些看法调和起来。结果使他自己在这方面的言论在许多地方陷入左右支吾、前后矛盾、纠缠不清的境地，湮没了自己正确可贵的论点。例如，上引的那段话最后仍认为有“生而知之”的“性善”的“圣人”，就表现了这种情况。他认为婴儿在出生以前不久就能吞咽和生后就能看能听这种表现就是生成的性（“天性”），这是很恰当的。这样来理解人性的意义，也是很正确的。但这样的表现就说不上是“善”还是“恶”。婴儿出生以后不久的眼睛就能看，耳朵就能听，这是生就了眼睛和耳朵的自然结果，怎么能说得上善恶呢？生就的眼睛可能有灵敏不灵敏的差别，也说不上善恶。生下的眼睛可以是色盲或完全是盲的。但这是先天性的缺陷，也说不上恶。“食、色性也”，这是一般所承认的说法，在基本上是生成的两种最根本的性，但它们本身也说不上善恶。婴儿生下不久就能看能听，这只是作为以后对客观世界在视觉和听觉方面的知识的发展所必要的条件或出发点，否则这种发展就根本不可能，并不能因此说生下时婴儿已有一些什么天生的知识。所以，王廷相所说，“生知”的“性善”的圣人都是不可能有的，只是显出他关于人性的理论有很大的自相矛盾而已。历史上的进步思想家几乎都有这种情况。在过去的时代和社会中，人们在思想上是不可能得到全面的解放的。王廷相也不能是例外。处在那个封建制度达到顶点的时代，他受到传统思想的影响太大，妨碍了他的创新见解的应有发展。他首先明确指出人的“知”（智能）有生成的（“天性之知”）和习成的（“人为之知”）两种。这种科学的认识其实在我国是有渊源的，王廷相是继承了它，发展了它，并予以明确的表达的一个最重要的人。这一点从现在看还是一种重要的科学真理，具有重要的现实意义，在许多人的认识中仍是模糊不清的。他所指出“人为之知”的发展途径，如“因习、因悟、因过、因疑”，也很有道理，只是还显得不完备而已。

十六、龚自珍的《阐告子》抓住了“善恶皆后起者”学说的核心，但申述不无问题[①]

告子关于人性的光辉理论在两千多年中一直受到蔑视、贬抑和攻击。向他攻击得最凶的人是孟轲。但这个理论也只有在《孟子》中还保存一鳞片甲，而全貌则不可考了。以王夫之这样一个思想家却也对告子的性论大有贬辞，把它摆在完全对立的方面。在全部中国思想史上，显得只有龚自珍一个人是表扬告子的见解的。龚自珍为此写了《阐告子》的短文。他说：“龚氏之言性也，则宗无善无不善而已矣。善恶皆后起者。”（《阐告子》，见《龚自珍全集》，上海人民出版社1975年版，第129页）他所说的性显然也是“生之谓性”的意思，是

① 本文出自《心理学简札》，人民教育出版社，2009年9月第1版，卷十，第857页。

指“生性”的。“善恶皆后起者”，就是说善和恶都是后来发展的结果。这当然是告子学说的核心。龚氏是抓住了这一点的。但是，他对这一点的申述不无问题。他说：“夫无善也，则可以为桀矣。无不善也，则可以为尧矣。知尧之本不异桀，荀卿氏之言起矣。知桀之本不异尧，孟氏之辩兴矣。为尧矣，性不加菀。为桀矣，性不加枯。为尧矣，性之桀不亡走。为桀矣，性之尧不亡走。不加菀，不加枯，亦不亡走。是故尧与桀互为主客，互相伏也，而莫相偏绝。”（《阐告子》，见《龚自珍全集》）说性无善无不善，可以为尧（好人），也可以为桀（坏人），尧和桀本来是没有基本不同的，这基本上是对的。但说做了尧，性并不荣盛一点，做了桀，性也并不枯萎一点，这有问题。因为做了尧，性就向好的方面得到决定性的发展，说变得“荣盛”应是可以的。做了桀，性就向不好的方面得到了决定性的发展，说变得枯萎了也是可以的；总之都产生了很不相同的变化，并不还是原来的样子。至于说，做了尧，性的成为桀的可能并不消失；做了桀，性的成为尧的可能性也并不消失，这却有对的一面，也有不对的一面。有对的一面，因为做了尧，还是不能排除不变坏，或做错事、做坏可能。反过来，做了桀，也是同样。有不对的一面，因为做了尧，变成桀的可能就大大减少或者接近于无。反过来，也有类似情况。

所以不能简单地说“不亡走”。因此，“尧与桀互为主客，互相伏也，而莫相偏绝”（只是主客的关系、互相抑制的关系，而并不互相排斥）。这个结论是不正确的，虽然注意到善和恶之间往往会有一定的联系，这一点也是不能抹杀的。龚自珍又说：“古之圣帝明王立五礼，制五刑，敝敝然（劳精疲神地）欲民之背不善而向善。攻劘（磨磋）彼为不善者耳，曾不能攻劘性；崇为善者耳，曾不能崇性；治人耳，曾不治人之性；有功于教耳，无功于性，进、退、卑、亢（提高）百姓、万邦之丑类，曾不能进、退、卑、亢性。”（《阐告子》，见《龚自珍全集》）这就是说，政治上虽然可以想种种办法使人民群众“背不善而向善”，但功效也就止于此，并不能影响到性。这却只能基本上是错误的。因为在实际世界中并没有什么不受影响、不起变化的东西，何况是远不像金石而容易受影响的有机体的一类特性。龚自珍又说：告子认为性譬如杞柳，仁义譬如杯棬，以性为仁义犹如以杞柳为杯棬；如果“浸假而以杞柳为门户，藩杝（篱笆？），浸假而以杞柳为桎梏（双手梏），浸假而以杞柳为虎子（便壶）、威俞（马桶）。杞柳何知焉？……以杞柳为杯棬，无救于其为虎子、威俞。以杞柳为威俞，无伤于其为杯棬”。（《阐告子》，见《龚自珍全集》）这是说，照告子的说法，把性做成合于仁义就和把杞柳做成杯棬一样，因此也可以把它做成其他的东西以至秽器之类，它是不会辨别的，并且把它做成杯棬并不使它免于做成秽器之类，把它做成秽器也无碍于把它做成杯棬。这更是错误的说法。杞柳固然可以做成这样或那样的器具，但一定的杞柳做成了一种器具以后，就不能或很难再做成其他的器具。人的性也有类似之处，虽然并不这样严格，并且可以向多方面发展，也可以在一定条件下改造。此外，儿童在最早的时候虽然对外界的影响基本上是被动的，缺乏辨别选择，但不很久以后就开始有了主动性，开始有了了解辨别、选择。这一点更是用杞柳的比喻所无法说明的。告子的学说的一个缺点是未免形而上学，龚自珍却发展了这个形而上学方面。龚自珍根据自己这些见解作出结论说："是故性不可以名，可以勉强名，不可以似，可以形容似也。"（《阐告子》，见《龚自珍全集》）他的意思大概是说，关于性只能像告子那样用比喻的说法来说明，但不能直接说明。但这是有疑问的说法。不可以名状就不可以知。如可以知也就可以名状。无论是比喻的说明还是直接的说明，都是说明。既能加以说明，也就不是不可以名状的了。龚自珍还把告子的说性和扬雄的说性联系起来。他说："扬雄不能引而申之，乃勉强名之曰'善恶混'。雄也窃言，未湮其源，盗言者雄，未离其宗。"（《阐告子》，见《龚自珍全集》）这是说，扬雄剽窃了告子的理论，但仍露出马脚，并且也没有“能引而申之”，以作出进一步的阐明，只能勉强地称之为“善恶混”。扬雄的看法是否从告子剽窃而来，难说。两种看法虽然表面上类似，其实有本质的不同。扬雄的看法和性善论或性恶论有同样本质上的错误。告子学说最可取的一点就是没有这种先天论的错误。所以扬雄是不能和告子联系起来的。要扬雄把告子的理论“引而申之”是不可能的。说“知尧之本不异桀，荀卿氏之言起矣；知桀之本不异尧，孟氏之辩兴矣”，这也不对。告子是主张“善恶皆后起者”的，所以可以说“尧桀之本不相异”。荀、孟的理论显然都不是从这个前提而来，因此他们都主张善或恶不是“后起者”。龚自珍最后说：“告子知性，发端未竟。”（《阐告子》，见《龚自珍全集》）

这是一个确评。告子确然只作了一个正确的发端，但没有能作出应有阐明。不过这也可能至少有一部分是由于他的性论只在他的论敌著作中留下一个端倪，较详的论述则丧失了或者被孟轲之徒所湮没了。龚氏在性论上宗告，也明白懂得“善恶皆后起者”这个要点，但他作的阐述好像把性说成善恶相容，尧、桀同处，而只有主客或占优势、不占优势的区分（“尧与桀互为主客、互相伏也，而莫相偏绝”），这倒把告子的性无善无不善论说成像是扬雄的性善恶混论了。龚自珍在性论上以告子为宗，这就很可贵地明白流露了他内心深处比前人更进一步的反先天的性善恶论精神，但由于社会历史和阶级地位的限制，还没有能摆脱形而上学的唯心论的限制，也缺乏发展的观点。

十七、荀况的性恶论对批驳先验论的性善论有重要进步意义①

荀况的一种著名学说是他的性恶论。他的性恶论用来批驳孟轲的先验论的性善论，用来强调一切知识才能都来自学习，反对天命论（认为帝王将相由于天命），在这两点上是有它很重要的进步意义的，是符合唯物论的基本观点的。但性恶论也从抽象概念出发，缺乏具体分析，因而具有显然的错误方面。首先，《性恶》篇中的说法和其他篇中有关的说法有基本上的自相矛盾。荀况在其他篇中有许多地方讲到“情”和“欲”。“情”和“欲”，照他看来，都和“性”有密切关系。例如，他说：“情者性之质也，欲者情之应也。”（《正正》）并且，照他的看法，“情”是“天情”，“欲”也是“人生而有”的。如果“性”是“恶”的，那么，“情”和

① 本文出自《中国古代心理学思想研究》（江西人民出版社，1983年2月第1版，第72页）之《关于荀况心理学思想的研究札记》（十三）。题目采用《潘菽全集》（人民教育出版社2007年版）收入此文时所加题名。

“欲”也都只能是“恶”的了。荀况自己在《性恶》篇中也是这样联系起来说的。他说：“今人之性生而有好利焉，顺是故争夺生而辞让亡焉；生而有疾恶焉，顺是故残贼生而忠信亡焉；生而有耳目之欲有好声色焉，顺是故淫乱生而礼义文理亡焉。然则，从人之性，顺人之情，必出于争夺，合于犯分乱理而归于暴。”然而，荀况在其他篇中许多地方讲到“情”和“欲”时都不同于这样的看法。例如他说：“暗其天君，乱其天官，弃其天养（“天养”是指人的身心能得到天然应该得到的发展），逆其天政（“天政”就是使人能得到“天养”的种种措施），背其天情，以丧天功，夫是之谓大凶。”（《天论》篇）这明明是说，“天情”是不可“背”的，“背”了就会构成一种“大凶”的坏事。讲到“欲”的时候，他更明白强调“欲”是“不可去”也不能“寡”的。他说，凡要“去欲”的人，都是不知道怎样引导“欲”面对有了“欲”感到没有办法的人；凡要“寡欲”的人，都是不知道怎样调节“欲”而对“欲”多了只能感到伤脑筋的人。（《正名》）他反对宋钘的寡欲主义（《解蔽》），说：“宋子蔽于欲而不知得。”这是说，“欲”不只是会消极或者产生坏事，也有它的积极方面，能产生有益的结果，这是宋钘之流讲寡欲的人所不知道的。荀况还进一步主张“养欲”。上面提到的“天养”就包含这个意思。他在《礼论》篇中说：“人生而有欲，欲而不得，则不能无求……先王恐其乱也，故制礼义以分之（给它定出分辨或界限），以养人之欲，给人之求。使欲必不穷乎物，物必不屈于欲，两者相持而长。”（《礼论》）这都是从唯物论观点出发对“情”和“欲”采取的积极态度，是一种十分可贵的思想，虽然有偏于抽象的缺点。然而，在《性恶》篇中，却未免反了过来，把“情”和“欲”连带着“性”无条件地说成是不好的东西，实际上就是把“情”说成是“可背”的，把“欲”说成是“可去”的了。这是根本的自相矛盾。荀况把需要学习作为断言“情”和“欲”以及所谓“性”原来是不好的理由，也是不充分的。凡需要加工的东西或予以发展的东西就都是不好的东西吗？其次，性恶论最主要的要害问题是关于“善”的由来。荀况曾给自己辩解说：“人之性恶，则礼义恶（怎样）生？应之曰：凡礼义者，是生于圣人之伪，非故生于人之性也。故陶人埏（敲击）埴（黏土）而为器；然则器生于工人之伪，非故生于人之性也。故工人斫木而成器；然则器生于工人之伪，非故生于人之性也。圣人积思虑、习伪故（事理？），以生礼义而起法度，然则礼义法度者，是生子圣人之伪，非故生于人之性也。”（《性恶》）他又说：“古者圣王以人之性恶，以为偏险而不正、悖乱而不治，是以为之起礼义、制法度、以矫饰人之情性而正之，以扰化人之情性而导之也。使皆出于治，合于道者也。今之人，化师法、积文学、道礼义者，为君子，纵情性、安恣睢，而违礼义者，为小人。用此观之，然则人之性恶明矣，其善者伪也。”（《性恶》）可以看到，照荀况的说法，人的成为“善”就像泥土由陶人制成瓦器，像木料由工人制成木器那样，是完全听别人摆布、服从别人的目的的。这种能摆布人的人就是“圣王”“圣人”。摆布别人的目的当然是为了适合于他们自己所需要或认为“出于治”和“合于道”的。荀况所说的“圣王”其实就是封建剥削阶级统治者最大的头目，所谓“君子”就是属于这种统治集团或给这种统治集团帮助统治的人，所谓“小人”就是广大被剥削被压迫而有稍许自由的农工商人。这样说来，“君子”当然都是“化师法”“道礼义”的人了，“小人”当然都是“纵情性”“违礼义”的人了。所以，荀况在实质上是用“君子”和“小人”来划分“善恶”的。“小人”就都只能是“恶”人或蠢人，就必须由“圣贤人”或“君子”来“埏”或“斫”或摆布。这是荀况完全站在剥削统治者立场一边的一种表现。这是关于性恶论的一个主要问题。又，荀况说：“凡性者，天之就也，不可学，不可事。礼义者，圣人之所生也，人之所学而能，所事而成者也。不可学、不可事而在人者，谓之性；可学而能、可事而成，之在人者，谓之伪；是性伪之分也。”（《性恶》篇）这样来区分“性”和“伪”也是一种抽象的形而上学的绝对区分。但既然性是那样地“不可学、不可事”，那么又怎么能“化性起伪”呢？强调指出没有“天就”的“善”，必须“学而能”，“事而成”，这是很对的。但把“性”和“伪”区分得那样地过分对立，也是不符合实际情况的。荀况所说“性恶”的“恶”应该是“非善”的意思，而不是“不善”的意思。荀况性恶论的基本问题在于它所表现的抽象而缺乏具体分析的看法。善恶都是一种社会概念，在阶级社会中必然具有阶级性。不同的阶级对善恶的区分是以各自的阶级利益为准则的。对抗的阶级不会有同一的善恶准则。荀况由于时代和阶级地位的限制，当然不会明了这个最根本的问题。因此他认为“君子”们眼睛中的善恶是具有普遍性的，“小人”们就应该照样接受。“小人”们当然不会乖乖地接受，因而就是天生蠢恶的了。其实，荀况关于善恶的解说却于无意中鲜明地证实了善恶的阶级性。又，“性”和“情”都是一定发展过程的产物，都是在一定条件之下形成的（虽然这种发展和条件也可以包括身体方面的），并不都是天上掉下来的东西。为此，“性”或“情”都没有天生的无条件的善或恶的品格，抽象的、先验论的、无条件的性恶论也只能是很错误的。但是，荀况的性恶论和一般的性善论有一个重要的区别，那就是，性善论在根本上是唯心论的，而荀况的性恶论则有接近唯物论的一面，在当时并具有进步的思想意义。说“其善者伪也”（《性恶》篇），认为善是人为而成，不是先天的，这确实是对的。然而荀况却没有注意到“伪”也可以成恶，如他自己所说但没有觉察到其全面含义的一种情况。那就是，“白沙在涅（污黑的泥浆），与之俱黑。兰槐之根是为芷（芳香的植物），其渐（浸）之滫（臭水），君子不近，庶人不服（佩）”（《劝学》篇）。所以，学固然可以学好，但也会学坏。因此，就完全也可以同样地说：“其恶者伪也。”所以，所谓“善”和“恶”其实都是“伪”的结果。这一点是荀况没有考虑到，亦许也不会考虑到的。荀况也没有注意到，“化性起伪”的结果也可以成为“性”，而形而上学地强调了“性伪之分”。（《性恶》篇）但他自己也说：“直木不待檃栝而直者，其性直也。枸木必将待檃栝烝矫然后直者，以其性不直也。”（《性恶》篇）可见，“直”既是直木的“性”，“不直”既是枸木的“性”，那么，把枸木改变成直木，或把直木改变成枸木，也就把“不直”的“性”变成“直”的“性”，或把“直”的“性”变成“不直”的“性”了。但他没有、亦许也由于阶级的局限性而没有能进一步看到这一点。

十八、对荀况性恶论的主要根据的分析考察①

荀况对自己主张的性恶论作了较详细的阐明，提出了一些理论根据。他提出性恶论的根据有八、九、十来条，可以说发挥得相当充分。其中有几条在实质上是重复的，所以归纳起来，大概不外五六条。现在可以逐条来考察一下。第一条是说“性”不可顺（顺从）。说“人生而好利疾恶”（“恶”应是指和“利”相反的东西或事情），顺了它们就要产生“争夺”和“残贼”的不良行为。“生而有耳目之欲”，也是这样。当然，“好利”和“疾恶”以及耳目之“欲”都不能放任，都需要能如荀况自己所说的“中理”，不能不考虑到社会和自然的客观条件。但问题在于是否能根据这一点就认为它们在实质上都是“恶”的？人们如果对什么“利”也不好，对什么“恶”也不讨厌、不憎恨，什么“耳目之欲”也没有，那还行吗？第二条根据是说，人必须“待师法然后正，得礼义然后治”。这是说人们必须得到“师法”的引导才能走上正道，必须遵守“礼义法度”才能使社会有秩序。这就是说，人们必须接受教

① 本文出自《中国古代心理学思想研究》（江西人民出版社，1983年2月第1版，第76页）之《关于荀况心理学思想的研究札记》（十四）。题目采用《潘菽全集》（人民教育出版社2007年版）收入此文时所加题名。

育，必须接受政治的统率。这当然是对的。但也不能因此就得出结论说，人的本质原来就是“恶”的。并且在阶级社会中，教育和政治至多只能像陶人的“埏埴而为器”，或像牧人的牧牛羊，甚至使人们横遭欺凌迫害。人们在这种情况下就完全有理由予以反抗。因而更不能因此证明“人之性”是“偏险”或“悖乱”的。第三条根据是说“性”和“伪”要区分开来。荀况认为：“凡性者，天之就也（自然所成就的），不可学，不可事。礼义者，圣人之所生也，人之所学而能，所事而成者也。不可学、不可事、而在人者，谓之性；可学而能、可事而成、之在人者，谓之伪；是性伪之分也。”他又说性是“感而自然，不待事而后生之者也。夫感而不能然，必且待事而后然者，谓之生于伪。是性伪之所生，其不同之征也”。荀况对怎么是不可学作解释说：“今人之性，目可以见，耳可以听。夫可以见之明不离目，可以听之聪不离耳；目明而耳聪，不可学明矣。”这就是说，“性”是天然生就，固定而不可移易的；“伪”是因“所学”和“所事”而产生的；所以“性”和“伪”是两码事，不能混作一谈。这是荀况反对孟轲的性善论的一个理由，因为他认为孟轲的性善论“是不及知（不了解）人之性而不察乎（没有看到）性伪之分”的。由于“性”和

“伪”是两码事，所以“伪”对于“性”要“离其朴，离其质”，也就必然要完全抛弃了“性”（“必失而丧之”）。荀况认为这就证明“性”和“伪”是相违反的（伪是“反于性，悖于情”的），是“恶”的。然而，既然说“化性起伪”，这里又说“性”不可学、不可事，岂不是自相矛盾吗？说“目明而耳聪”是人的一种性，当然是对的，也确乎基本上是有些“不可学、不可事”的。但怎么能因此说明“目明而耳聪”是“恶”的呢？这也是荀况有失考虑的一点。总之，这第三条根据是很难说得过去的。第四条根据是说，礼义法度生于圣人之伪，非生于人之性。荀况认为，“目好色，耳好声，口好味，心好利，骨体肤理好愉佚（逸），是皆生于人之情性”。所以要由“圣人化性而起伪”，来“礼义生而制法度”。荀况用比喻来说，这就像“陶人埏埴而为器”或“工人斫木而成器”，所以“器生于工人之伪，非故（原来）生于人之性”。这里应该注意到，“目好色”以及“心好利”等的本身并不能抽象地说就是不好的，虽然也不能抽象地说总是好的；“化性起伪”只能是对它们的表现予以引导，使它们成为“中理”。

至于“骨体肤理好愉佚”，这是有悖于事实的说法。一般“庶民”或“小人”大都是喜爱劳动的。在有特殊情况下的少数人，或一般过惯了寄生生活的人身上的“好愉佚”已是一种“伪”的结果，和“伪”并没有“其不同之征”。还有一点，“陶人埏埴而为器”或“工人斫木而成器”，其实也不是不管“埴”或“木”的性是怎样而从事作为的；否则为什么陶人不埏“木”而为器或工人不斫“埴”而成器呢？所以“陶人埏埴而为器”并不是和“埴”的性没有一定的联系，“工人斫木而成器”也是这样。法家如商鞅和韩非，众所周知，也是根据人们的好利恶害而主张用赏和罚进行统治的（例如韩非说：“治天下必因人情。人情者有好恶，故赏罚可用。”见《韩非子·八经》）。兵家讲用兵也要考虑到“民性”（例如《孙膑兵法·奇正》说：“行水得其性，漂石折舟；用民得其性，则全行如流。”）。所以，“礼义法度”都“生于伪，非生于性”这种说法是不会完全正确的。至于“圣人”也和陶人及工人完全凭自己的要求或想法，把泥土和木料制成器物那样来“积思虑，习伪故”，给“小人”“庶民”们制定“礼义法度”，那当然在一切阶级社会中总是事实如此。但在那时的社会中，往往连小民们的基本要求也完全不顾而予以肆意压迫、摧残的统治者，也一般只能是昏君和恶吏那种害人虫。所谓制定“礼义法度”是谈不上的。所以，荀况在这里提出的性恶论的根据，显然也有成问题之处。不错，“性”是有待于“伪”的。但怎么能因此就得出“性恶”的结论呢？第五条根据是说，不能没有“圣王”和“礼义”。荀况认为，如果照孟轲所说，“人之性善”，“则有（又）恶（乌，何）用圣王，恶用礼义矣哉”？因为“人之性恶；故古者圣人……为之立君上之埶以临之，明礼义以化之，起法正以治之，重刑罚以禁之，使天下皆出于治，合于善也”。这是荀况从政治实践的观点出发，针锋相对地反对孟轲的性善论，提出自己的性恶论的一个具有重要合理内核的理由。他说：“凡论者（立论的人）贵其有辨合，有符验。故坐而言之，起而可设（设施，办理），张而可施行（宣布了就可以实行）。今孟子曰：‘人之性善。’无辨合符验，坐而言之，起而不可设，张而不可施行；岂不过甚矣哉？”这是说，孟轲的性善论不切合实际，缺乏验证，说了办不到，提出来做不成，岂不是过于夸夸其谈的吗？照性善的说法，就用不着“圣王”，用不着“礼义”了（“性善则去圣王，息礼义矣”）。这是很有道理的，是荀况性恶论的根据中比较强的一条。用现代的话来说就是，照孟轲那样的性善论，就可以不怎样用得着政治和教育了。这样，如果在人的本性中基本上都已经完备无缺，人类就不需要进步，社会就可以停滞，历史就不要发展了。这当然是很错误的看法。这种看法确然是只能违反实际（“无辨合、符验”），只能说说而行不通的（“坐而言之，起而不可设”）。这是荀况的性恶论属于进步思想范畴的鲜明表征。不过，虽然如此，以此作为性恶论的根据仍然显得不足，其实只要阐明“性”必须有待于“伪”就完全行了。荀况性恶论的第六条根据是说，礼义的积累不是出于人之“性”。有人提出“礼义积伪者，是人之性”这个质疑，荀况给予了否定的答复。他说：“今将以礼义积伪为人之性耶？然则有（又）曷（何）贵尧禹，曷贵君子矣哉！凡所贵尧禹君子者，能化性，能起伪，伪起而生礼义；然则圣人之于礼义积伪也，亦犹陶埏而生之也。”这是说，“礼义积伪”如出于“人之性”，就不贵有“圣王”和“君子”来“化性起伪”了。“圣王”和“君子”给“庶民”或“小人”们“化性起伪”，就像陶人的制作陶器一样，完全是凭陶人自已的意图而进行的，和“人之性”无关（“礼义积伪者岂人之本性也哉？”）。如果“从其性（人之性）、顺其情（人之情）”，就要“出乎（表现为）贪利争夺”。这一条其实也是根据“性伪之分”来证明“人之性”是恶的。它的难于说得通，已如前述。以上是对荀况性恶论的几个主要根据的分析考察。这些根据都是成问题的。

十九、对荀况性恶论提出几点问难[①]

除了对荀况的性恶论的根据作应有的分析考察外，还应该提出几点问难。第一，既然“伪”只能是由“圣人、君子”“积思虑，习伪故”，而给“庶民”“小人”们制定出来的，“圣人君子”原也只能是性恶的，也要“化性起伪”，那么，又由谁来给他们“化性起伪”呢？荀况完全没有谈这个问题。好像这是自明的道理。可见他的“化性起伪”的说法其实只能是代表“圣人、君子”对着“庶民、小人”们讲话的。第二，他说，“涂之人可以为禹”。这原是从他的“化性起伪”的理论应该得出的一个结论，并且具有反对“圣王”“圣人”都由天命所授的“天命论”的重要意义。然而他说明所以能如此的理由是：“凡禹之所以为禹者，以其为仁义法正也。然则仁义法正有可知可能之理，然而涂之人也，皆有可以知仁义法正之质，皆有可以能仁义法正之具；然则其可以为禹明矣。”这个理由在理论上看起来是说得很对的。这说明了禹这样的“圣人”也完全是“化性起伪”而成的，并且说明如果

① 本文出自《中国古代心理学思想研究》（江西人民出版社，1983年2月第1版，第80页）之《关于荀况心理学思想的研究札记》（十五）。题目采用《潘菽全集》（人民教育出版社2007年版）收入此文时所加题名。

禹的“仁义法正”没有“可知可能之理”，而涂之人又没有“可以知”和“可以能”的主观条件，怎么能通过“积善而不息”的学习达到禹那种样子呢？所以，“化性起伪”也要在“性”方面有一定的根据。不过，这样一来就和“性伪之分”以及“人之性恶”的理论不免相矛盾了。第三，荀况向自己提问说，既然“涂之人可以为禹”，“圣可积而致”，但是大家在实际上都做不到，这是为什么？他解释说：“可以而不可使也（有可能，但难于勉强，在实际上使不得）。故小人可以为君子而不肯为君子，君子可以为小人而不肯为小人（既是高贵的君子，当然决不肯“为”卑贱贫困的小人！小人也一般并不稀罕君子那一套而要去学，所以也不肯！并且小人也完全没有物质条件能这样做到，除非造反）。小人君子者，未尝不可以相为也（既有小人、君子之分，就只有在想象中可以这样说）；然而不相为者，可以而不可使也（这里的“可以”完全只是在想象中的“可以”，因而也就事实上是完全“不可使”的了）。故涂之人可以为禹，则然（从“可以”说，那是这样的）；涂之人能为禹，未必然也【要能做到，就未必这样（其实等于不可能）】。虽不能为禹，无害可以为禹（原来只是可以说说的空话！）。足可以遍行天下，然而未尝有能遍行天下者也（这是一个很好的比喻，很能说明问题，但是“涂之人可以为禹”这个具有鼓舞意义的说法却被否定掉了！）。……用此观之，然则可以为，未必能也；虽不能，无害可以为。然则能不能之与可不可，其不同远矣，其不可以相为明矣（“可”和“能”完全是两回事，中间的距离很远很远）。”这里这种解释确然是很有说服力的，是很实事求是的！然而，这么一来，“涂之人可以为禹”这一说法不就基本上完全成为空话了吗？并且，由“圣人、君子”给“小人、庶民”们所制定下来的种种“仁义法正”的学习和遵行的规范不就也要都成为落空，或者虽然“不可使”而只能用强迫力量把它们强加于人而才能成为勉强“可使”的吗？而事实上完全是由上而下的那种“化性起伪”的理论也就颇成问题了。但“涂之人”是否就完全无法“为禹”了呢！那也应该说“不是”。问题完全在于怎样“为”怎样学。如果像孟轲也曾说过的，“服尧之服，诵尧之言，行尧之行，是尧而已矣”（《孟子·告子下》）那样地“为”，那确实只能是“可以而不可使也”，或者结果是完全学成一个伪君子或空头君子并且还要害人害事。的确，如果只注意照孟轲所说那样从形迹上去学，即使尧和禹这种“圣人”之间也无法“相为”。但如果真有需要向禹学习的话，从他的精神上去学，学习他在治水中那种舍己为公、艰苦奋斗去完成自己的任务的精神，那是谁都可以学并完全能够做到的，绝不是“不可使”的。向张思德同志学习，是要学习他那种全心全意为人民服务的精神，谁也不需要学习他烧炭。其实，从为人民服务的精神方面看，可以说禹是治水的张思德而张思德是烧炭的禹。荀况所提出的那种向历史人物学习的说法，是完全忽视了阶级的区分，并受了形而上学观点的局限的，他自己也感觉到绝对行不通，只能说说而已。第四，荀况提到，齐鲁地区出现了一些“全于孝之名”的人，这是因为“綦（朞，期。冀）于礼义故也”，而秦人却比不上，这是由于“秦人之从情性，安恣睢，慢于礼义故也”。这确实是很值得提到而想一想的事情。历史事实是，鲁和齐都搞得不大像样而终归灭亡，秦却是治理得颇好而成为富强以至能统一全中国的国家。这岂不说明，“綦于礼义”是不一定中用的，而秦人那样“慢于礼义”却证明是不一定不对的吗？第五，荀况指出，良弓也都要“排檄”（矫正），良剑也都要砥砺，良马也都要衔辔、驾驭；“人虽性质美丽而心辨知”，也都要求贤师、择良友。这样的人才能“身日进于仁义而不自知”。这是观摩、习染的结果【“靡（摩）使然也”】。在另一方面，“与不善人处”，就要所见所闻都无非是欺诬、诈伪、污漫、淫邪、贪利之行，结果是“身且加于刑戮而不自知”，可见，变得好还是变得坏，都是由于“靡而已矣”。这种看法当然是比较恰当的，这就是那时似乎已颇流行的所谓“染于苍则苍，染于黄则黄”的意思。不过，这和他自己的性恶论却难于合拍。总上所述，荀况在《性恶》篇中所发挥的性恶论，除和其他篇中有关的言论有基本的矛盾已在前条中予以论述外，在本篇中也显出一些大小的矛盾和理论上的疵病。这是为什么呢？荀况的性恶论的基本论证，在于指出并批判以孟轲为代表的儒家的性善论的错误，并阐明善起于“伪”这个真理的重要性。这原是一种辉煌的思想。是和那时新兴法家的进步思想相一致的。大概由于荀况要在“性”的问题上鲜明地和孟轲针锋相对，所以举起了“性恶”的大旗。但这样的结果，性恶论也陷入了先验论或形而上学的错误，因而论证上不能不表现出一些牵强或片面性，或自相矛盾以及难于和事实相符的说法。这里可以再注意到，荀况在《礼论》篇中论到“性”和“伪”的关系时说：“性者，本始材朴也；伪者，文理隆盛也。无性则伪之无所加；无伪则性不能自美；性伪合，然后……天下之功于是就也。”（本节的引征，除有注明的外，均见《性恶》。）这里的中心论点是“性伪合”，也就是说“性”和“伪”是一种相反相成的关系。这就说得恰当而完整得多了。除了还应该补充一点，就是“无伪则性也不能自恶”。这里的“性伪合”和《性恶》篇中所强调的“性伪之分”是显然相对立的。这里所阐明的“性伪合”，用辩证法的观点来理解，就是说“性”和“伪”是矛盾统一的两个方面。“性伪合”是荀况在那个时代只能做到的关于“性”和“伪”的辩证关系的一种朴素的论断。这样就可以明白看到，“性伪之分”的说法的主要问题，在于只看到并强调“性”和“伪”的区分或矛盾，而忽视或抹杀了二者之间的联系和统一。这是荀况在《性恶》篇中的一些说法，和其他篇中有关的一些说法相形之下，表现出明显的片面性或形而上学的局限性的一个显然的例子。但是，荀况关于“性”的理论的根本问题，还在于率直地接受了“生之谓性”（《孟子·告子上》）这个流行的笼统概念，而没有加以应有的分析考察，因而对于“性”这个问题缺乏应有的较清楚的了解。因此，对“性”的看法就不免摇摆不定，以至表现出一些甚至前后相矛盾的论断。不过，所以没有作应有的分析考察，也是由于受到当时有关的科学知识还很不够的限制之故。总起来看，荀况生于没落的奴隶社会和新兴的封建社会交替之际，由儒家转向法家；但在思想上还没有完全摆脱儒家的影响，表现一些大小的矛盾。一方面有杰出进步的朴素唯物论的鲜明光辉思想，一方面也有一些陈旧的和唯心论的糟粕，至于形而上学的观点则不用说了。但前一方面是突出的、主要的。这里的几条札记，主要只是就他有关心理学的不少光辉见解和对心理学有联系的个别问题而进行评述的。他有关心理学的光辉思想，在我国过去的整个历史上显得是无与伦比的。他在其他方面的杰出进步思想，则不在这里的论评范围之内。

第六章　知行论

一、知行说这个可贵的传统思想的实质在于对行，即实践的重视[①]

中国的古代心理学思想中另一个可贵的传统理论是知行说，即关于知和行的关系的理论。这个可贵的传统思想的实质在于对行，即实践的重视。这在很早的历史时期就有了。也是三千多年前的伊尹告诫商王太甲说："弗虑胡获？弗为胡成？"（《尚书·商书·太甲下》）（不考虑，怎能弄明白？不做，怎能成事呢？）稍后的傅说也曾告诫他的君主说："知之非艰，行之惟艰。"（《尚书·商书·说命中》）这也是强调行的重要性的。到了后来的孔子，他很重视学习，但似乎更重视行。他曾说："行有余力，则以学文。"（《论语·学而》）当然，在他看来，行亦许也包括在学之中，但无疑他对行的学更重视于其他的学的。稍后的墨翟也很重视

① 本文出自《心理学简札》，人民教育出版社，2009年9月第1版，卷十，第909页。

行。他认为言论的是非有三个标准（“三表”），其中之一就是见之于行的实效（“用”）。他说：“于何用之？废以为刑政，观其中（合）国家百姓人民之利。”（《墨子·非命上》）在知行学说上其次一个很重要的人是荀况。他是很重视学习（“积习”）的，但也很重视行。他把知行理论提高到一个新的高度。他主张一种知和行的统一说，把行动和认识结合起来了。他说：“不登高山，不知天之高也，不临深溪，不知地之厚也。”（《荀子·劝学》）他又说：“闻之不若见之，见之不若知之，知之不若行之。学至于行而止矣。”（《荀子·儒效》）这是说学可以有不同的深度，学而能和行相结合，相统一，才能学到家。他又说：“知之而不行，虽敦必困。”（《荀子·儒效》）这是说知道得虽然扎实，也仍要遇到困难。他又指出行要有知的帮助，说：“知明而行无过矣。”（《荀子·劝学》）所以在荀况的心目中知和行是相辅相成的。到了汉代的董仲舒，他和知行论的一点关系是他最早提出了知和行的先后问题。他认为知是先于行的。他说：“凡人欲舍行为，皆以其知先规而后为之。”（《春秋繁露·必仁且智》）这是说，要做出行为时，都由知做好规定然后做出来。这是片面的形而上学的见解，否定了行对知的作用。这是唯心论者董仲舒所必然要得出的看法。以后一直到了唐代的柳宗元提出了一种关于人的性能的理论，在实质上也是一种知行理论。他说：“夫天之贵斯人也，则付刚健纯粹之于其躬，倬为至灵。……刚健之气钟于人也为志……则志者其一端耳。纯粹之气注于人也为明……则明者又其一端耳。……举斯二者，人伦之要尽是焉。”（《柳河东集》卷三，《天爵论》）这是说，人从自然得到一种刚健的气和一种纯粹的气。前者成为志，即意志；后者成为明，即聪明。后者就是知，前者就是行。人的性能除了这两端外就没有别的了。人要能发挥这两端就行了。这就是一种知行说。这也就是一种知和意的二分说。柳宗元这种知行理论似乎是无所继承而是独立发明的。此后以宋代开始一直到当代，知行理论又得到进一步的发展，产生了种种不同的看法而接近完善。首先在宋代的唯心论理学家，他们都是片面地主张知先行后的。例如程颐说：“须是知了，方行得。”又说：“君子以识为本，行次之。”（《二程遗书》卷二十五）对知行问题，朱熹讲的话较多。他继承了程颐的学说而有所发展。他认为知先于行，但知和行“常相须”而统一在一起。他说：“知行常相须，如目无足不行，足无目不见。论先后，知为先。论轻重，行为重。”（《朱子语类》卷九）这是把知和行的关系说得较确切的。他又说：“知和行工夫须着并列……然后又须先知得方行得。”（《朱子语类》

卷十四）他又说：“既知则自然行得，不待勉强，却是知字上重。”（《朱子语类》卷十八）这就和“行为重”的说法相矛盾了。他如上引所说“知和行工夫须着并列”，这又说是知行并重了。朱熹对知行理论的重要贡献在于他提出的知行“常相须”的观点。他说：“知之愈明则行之愈笃，行之愈笃则知之益明。”（《朱子语类》卷九）这就把知行学说推动了一大步，接触到了知和行的辩证关系，虽然也有些错误的说法。其次要提到王守仁。王守仁因他的知行合一论而著名。他说：“知之真切笃实处即是行，行之明觉精察处即是知。知行工夫本不可离。只为后世学者分作两截用功，失去知行本体。故有合一并进之说。”（《传习录·答顾东桥书》）他不同意把知和行分作两截是对的。他强调知和行要统一，这更是对的。但由于他本着主观唯心论和形而上学观点，就只能看到知和行的机械的“合一”和“并进”，而看不到知和行的真正的统一，即对立矛盾的辩证统一。其结果是弄得似是而非，抹杀了知和行的本质差别，使自己和别人陷入迷雾，错误更大。宋代以后的唯心论理学的发展到了王守仁已达到一个最高峰，其缺陷也就暴露得很明显，因而受到批判和谴责也多起来。站到程、朱、陆、王的对立面第一个旗帜鲜明的人是王廷相。他是一个朴素唯物论思想家。他也兼有科学兴趣，有较多的科学知识，是一个最有科学头脑的人。他揭露了知识能力的先验论的错误。他在知行学说上是较重视行的一个人。他说的“行”也称为“履事”、“习事”、“练事”和“实历”。他说：“讲得一事即行一事，行得一事即知一事，所谓真知矣。徒讲而不行，则遇事终有眩惑。”（《与薛君采书》）他又说：“练事之知，行乃中几。讲论之知，行尚有疑。何也？知，在我者也。几，在事者也。譬久于操舟者，风水之故审矣，焉往而不利涉？彼徒讲于操舟之术者，未涉江湖，而已不胜其恐矣，安有所济之哉？盖风水者，几之会也，非可以讲而预者也。”（《慎言·小宗》）这都是说要通过行才能得到真知。只讲而不行，所知还不能到家，遇事还会不明白，还会不能胜任。这是确论。理由是，讲总只能多少是抽象的、概括的。要通过行才能领会到许多具体的、特殊的情况。王廷相这一类言论也必然是他从“实历”中体会出来的科学结论。所以他对知行学说在思想方法上也是比别人有所前进的。他主张知行并重，叫作“知行并举”。他说：“学之术二，曰致知，曰履事。兼之者上也。”（《慎言·小宗》）他又说：“精于仁义之术，优入尧舜之域，必知行兼举者能之也。”（《慎言·小宗》）“知行兼举”是对知和行的关系的一种合于科学的看法，因而是对知行分离的错误观念的一种恰当的批判。这是王廷相把知行理论推向前进一步的一种重要的贡献。他还提出“实践”的概念，说：“笃行实践以守义理之中也。”（《慎言·潜心》）这也是值得指出的。再其次要说到对我国自古以来的知行理论在过去是最有贡献的一个人，即清初的王夫之。他在反对宋代以来的理学和发展知行理论上比王廷相更前进了一大步。他的知行理论更接近了辩证法。他尖锐地批判了过去一切重知轻行的唯心论说法，因而强调指出行和知是同样重要的。但行终究是主要的并且是容易受到忽视而成为比较难的。所以他说：“《说命》曰‘知之非艰，行之惟艰’，千圣复起，不易之言也……知非先行非后，行有余力而求知。圣言决矣而孰与易之乎？”（《尚书引义·说命中》）这是说明他是完全赞同“知不难而行难”那句古老的话的，但并没有把知和行强分先后的意思。这是很对的。他认为知行并重而不能强分先后以致把知行分成两截，故又进一步指出知和行是不相离的。他说：“知行之分有从大段分界限者（从大体上分别去看），则如讲求义理为知，应事接物为行是也。乃讲求之中力其讲求之事，则亦有行矣。应事接物之际不废审虑之功，则亦有知矣。是则知行终始不相离。存心（自我检查）亦有知行，致知（求知时间）亦有知行（处处都是知行在一起）而更不可分一事以为知而非行，行而非知。”（《读四书大全说》卷三）这样的言论好像是一种“知行合一”说，而实则不是。他正确地认为知和行各有其作用，可知“知行合一”的说法是不对的。他说：“知行相资以互用。惟其各有致功而亦各有其效，故相资以互用。则于其相互，益知其必分矣。同者不相为用，资于异者乃和同而起功，此定理也。不知其各有功效而相资，于是姚江王氏‘知行合一’之说得借口以惑世。”（《礼记章句》卷三十一）指出“知行相资以为用”这一点是说到了知和行的一种辩证关系的，在旧时代是一个难能可贵的光辉论断。他又说：“由知而知所行，由行而行则知之，亦可云并进而有功。”（《读四书大全说》卷三）这也是同样的光辉论断，更接触到了知和行的辩证关系，说明二者既有分别又是统一的。但他说：“知能（行）同功而成德业。”（《周易外传·系辞二》）并说：“行可兼知，而知不可兼行。”（《尚书引义》卷四，《说命中二》）这都是不很对的。因为知和行都各有其功。说行可兼知，也就是行可以有知之功了，也就是行知可以不分了。说行可以带知或说行可以促知，这是可以的。但不能说知行同功或说行可兼知。因而，说知中有行或行中有知，这种说法也有些不恰当。总之，王夫之把知行学说几乎发展到辩证唯物论的高度，但还夹杂一些从传统而来的唯心论和形而上学的渣滓。然而，他处在三百年前的时代能对心理学思想做出那样多的可贵的创造性贡献，确实是非常难得的。在王夫之之后和知行理论有关的另一个重要人物是革去中国封建制的孙中山。他提出了和知易行难论在表面上相反的看法即行易知难论或知难行易说。他也有很强的理由，因为他是从革命的实际需要出发的。他大概深深感觉到革命必须有革命的认识——革命的理论，革命的理论是来之不易的。在这方面，另一个重要人物是毛泽东同志。他的《实践论》也是阐明知和行的关系的，强调了知和行的互相依赖关系。可以说是实践的认识论。这样的知行理论全面贯彻了辩证唯物论的观点，把这个理论的发展推进到当前的顶峰。这也完全是为了革命的需要并在革命的实践中形成的。但这两位重要的革命人物已属于中国历史的近代和现代不属于古代，故这里只能略而不予备论。从以上的简要论述可以看到，我国的知行理论的发展也是贯串于整个三千多年的历史的，也经过不少波折而最后终于达到了在目前是最完善的地步。它对今后的心理学的发展也将会有重要的启发意义和重大的帮助。其中的一点是它鲜明地有效地运用了知意二分法的观点。因为行就是属于意的范畴的。并且，如我们所知，知和行的相互关系这个问题在传统心理学中是基本上受到忽视的。（本条的撰写主要参考方克立：《中国哲学史上的知行观》，人民出版社1982年版。）

二、对从古到今论知行的先后、轻重、难易、并列等八个问题，予以辩证科学的阐释①

关于知和行的关系有几个问题也需要增加讨论一下。第一个问题是知和行的先后问题。有的意见认为先知后行，即先有知而后才能有行。另一种意见则认为先行后知，因为知是由行而引起的，不行就不能有知。这两种意见各有理由，但也各有片面性。知而后行，确是常有的事。知道桃子好吃，才会去咬而吃。如果在野外树林中看到一种完全不认识的水果样的东西，就不会随便取来咬而吃吧。听到一种怪声，就会回头探索。如就复杂一点的事情看，如果对革命毫无认识，也不会就参加革命吧。至于强调行在认识中的重要性，能因行而生知，检证知，促进知，这也是对的。所以双方各有理由。但如要抽象地概括地说，知先行后或行先知后是普遍情况，那就都是片面的了。况且知和行实际上是循环往复的，说不上谁先谁后。一定要强分先后是不对的、不必要的。并且事实上，知的时候同时必有行伴随着，行的时候更必有知伴随着，也难分先后。故先后之分都是不可取的。第二个问题是知和行

① 本文出自《心理学简札》，人民教育出版社，2009年9月第1版，卷十，第931页。

的轻重问题。有的意见重视知，有的意见重视行。这也各有理由，各有片面性。究竟知的方面重要还是行的方面重要，这是决定于具体情况的。在一定情况下，可能知的问题比较重要，要多花一点力量去解决。在另一情况之下，却又是行的问题比较重要，要多花一点气力去设法解决。同一件事情在发展中，可能今天是行的问题比较重要，到了明天可能是知的问题变得比较重要了。要抽象地不问条件地一概而论说知重要或说行重要，怎么能行呢？所以在不问具体条件的情况下，不管主张行重还是知重，都是站不住脚的。第三个问题是知和行的难易问题。在三千多年前首先提出知行难易问题的傅说说知易行难。近代的孙中山则强调说知难行易。傅说的话是劝诫他的君主的。他的君主的错误看来只是生活作风的问题。要知道这种道理是比较明白的，所以说易。但要改正这种作风要费相当的气力，所以说难。所以傅说说那句话是有具体的针对性的，不是泛泛地说话。所以他说那句话是有为而发的，是有根据的。孙中山强调说明知难行易，也有他的具体针对性。他说那句知难行易的话并不是为了批评傅说，平白去翻知易行难的案，而是为了想转变革命的敝弱的形势的。现在回想起来，辛亥革命把清皇朝推翻了，但革命的理论准备确实很不够。经过不少年的挫折，孙中山终于感觉到革命的理论认识的极大重要性。要取得正确的足够的革命理论认识确实并不容易，要使许多革命队伍的人大家都掌握正确足够的革命理论认识更不是容易的事。所以，他要大声疾呼号召革命方面的人大家都来重视并下刻苦功夫以研究革命所需要的理论知识和有关的科学知识，宣传知难行易的道理，在基本上应该承认他是完全对的。所以，我们决不能以孙中山去反对或批评傅说，我们也不能用傅说来反对或批评孙中山。所以，如果一定要凭空而绝对地主张行难还是知难，那就会大错特错。譬如说，日常生活所需要的许多知识，小孩子也一学就会，孙中山也决不会不知道这一点吧。总之，要抽象地不问具体条件而争辩行难还是知难，那都只能是可笑的。第四个问题是知行互兼的问题。有一种意见认为行可兼知。另有一种意见则似乎认为知可兼行。这都是不对的，有原则性的错误。王守仁宣传的“知行合一说”原有一点知行统一的意思，这是可取的。但他的知行统一说在实质上是以知兼行，认为如果知了就自然能行或甚至就是行，即“知即是行”。王守仁说：“知之真切笃实处即是行。”（《答顾东桥书》）这就是认为知可以兼行。这就不对。在另一方面，王夫之在说话滑了嘴的时候却明白地说“行可兼知”（《尚书引义·说命中二》）。他原是要说明行是可以得到知的效果的，这还可以说。但说到后来做出“行可兼知”这个论断（《周易外传·系辞上传》第一章）。这就不对了。所以，无论说知可兼行还是说行可兼知，都是不对的。其实，认为“行可兼知”也是一种“知行合一论”或“知行混一论”。事实上，行有行的功能，知有知的功能，二者有本质的差别。二者只能统一而不能合一或混一或等同或互兼的。第五个问题是能否有不知而行的情况的问题。当然绝大多数的人在绝大多数的情况下都不会否认知是行所需要的，行不能离开知。但也有个别的人在一种特殊情况下会认为人也可以有不知而行的时候或不知而能行。这是一种很大的误会，是不可能有的事。这也是一种知行相脱离的见解。其实，无行而知的情况倒是偶然会发生的。例如，当一个人靠在躺椅上或卧在床上休息的时候，突然来一个不及掩耳的迅雷，即使他是一个聋子而完全听不到声音，也会身体有了振荡的感觉。这种听觉或振动感觉是环境里的变化自动地在那个人身上引起的，不是他的什么行动所产生的。这可以算是不行而知的一个事例吧。在行的方面有没有这种的情况呢？事实上难于找到，即想象也难于想象出来。所以说这是不可能的。不过，辩论的人亦许要说，我们常会说，某人的行动是盲目的，那不是不知而行吗？然而，话虽如此说，实际情况决不会是如此。实际情况必然是那人是有所知的，决不是毫无所知，不过是知得不很够或者很不够而已。假如当时有人给阿Q一支枪，让他去参加革命，他是可能欣然同意参加的。这一定是因为他对革命已有所知了。如果他完全无所知而他接受了给他的枪支而去参加，那他的参加就不会是参加革命而是受骗上当或者为了在别人面前显神气，摆威风。那就和革命风马牛不相及了。喜欢辩论的人亦许又会说，有所谓“梦游病”，一个人可以在晚间睡眠中起来开门出去到房屋旁附近的河里挑两桶水回来倒在水缸里，关上门，仍回到床上睡觉。到了明天早上醒来，那人却对自己在夜里所做的事一点也回想不起来。那不是不知而行吗？然而话虽如此说，实际上却不会是如此。如果他在夜里做那件事的时候，是无知的，他怎么能挑起水桶，怎么能找到门而开了出去，怎么能辨别路途方向，怎么能上下踏步，怎么能没有跌到河里去，又怎么能认识走回家并仍回到自己的床上去呢？所以他在这个较复杂的行动中决不会是无所知的，或者说是无意识的。这只不过是他在醒来时已完全忘掉了，完全记不起来罢了。这是一种记忆的病。所以叫作“梦游病”。我们常常说的“无意识”，其实都是这样的性质。我们认为这是一种无知，其实只是表明我们自己无知而已！所以所谓无知而行或无知也能行只能是完全错误的。实际上不可能有这样的事。第六个问题是知行不相离或知行并列或知行并进的问题。这里的三种说法都是同一个意思。因为知和行是不相离的，所以总是相并着前进的，也就是并进的。这里所应注意的有两点：一是指出知和行不仅可以有先后关系，也可以有并存关系。二是指出，在一般情况下，知和行总是密切联系在一起而不可分的。这就比仅仅指出它们的先后关系前进一步而说明它们之间更实质性的一种关系了。但这还只是看到它们的关系的一种表面现象，并且还没有注意到即使在并列前进中还可以有一种互为消长的关系。那就是说，它们虽然并列前进，却可以表现出一种互为主次的关系，即有时候可以以行为主而知处于一种从属地位，有时候又可以以知为主而行处于一种从属地位。第七个问题是知行同功的问题。王夫之有一种意见认为“知能（行）同功而成德业”（《周易外传·系辞上传》第一章），这是说在成就一个人的德业中，知和行是同样起作用的。原话的意思是说，知和行是同样需要而不能偏废的。这固然是对的。但这样的看法还不够，还需要看到它们虽然同样有功但有不同的功。我国古代思想家虽然对知行关系谈得很多，但关于知是什么、行是什么却阐明得不够，好像这是自明的事情，用不着多说，结果在解释上不甚明确，因此会把二者混同起来，甚至等同起来。第八个问题是知行相须或知行相资的问题。前者是朱熹指出的，后者是王夫之指出的。原来的用意也是用来说明知和行是不能偏废的，但比起仅仅指出知和行的不可离关系或并列关系或并进关系是更进了一步，是接触到知和行的实质关系或辩证关系了。这是我国古代人在他们的时代对知行问题的研究所达到的最高成就。但这个知行关系问题的研究到了毛泽东同志手里就产生了一种飞跃，达到了当前在辩证唯物论指导之下所达到的最高成就。毛泽东同志对过去所争论的先后论、轻重论、难易论、并列、同功等等都一概不谈。这大概是因为这些看法都是形而上学观点的产物，都是些皮毛的问题。他是专门从实践的观点来把知和行的实质关系，即辩证关系，予以科学的阐明的。这是抓着了问题的要害的。笔者曾对知和行的关系用两句话来予以说明："意向（行的主观部分）是认识（知）指引之下的意向，认识是意向主导之下的认识。"在一般情况下，意向总是主导着认识而认识总只是对意向起着指引的作用。行和知是不相离的。又，知和行这一对矛盾的双方的主次地位是可以转换的。在行动或意向的活动中，意向是矛盾的主要方面。在认识的活动中则认识是矛盾的主要方面。把这一点看法附录于此。

三、中外古代哲学中对人类心理活动的看法都基本上是二分法①

在中国古代哲学中，有一种流行的看法，认为人的活动有“知”和“行”两种或两方面。在古代希腊哲学中也有同样的情况。亚里士多德在叙述了在他之前的希腊哲学家关于“灵魂”的说法以后，总括起来说，“这样，实际上所有的人都用三种特征来说明灵魂，即运动、知觉和无形体性”（*Aristotle's De Anima*，英译本，第一编第二章。B. Rand, *The Classical Psychologists*，摘录本，第9页）。这里所说的运动是作为、行为，或行动的意思。所说的知觉是知识或辨认的意思。可以看到，这两种特征都是指“灵魂”的作用而言。至于“无形体性”则是指“灵魂”本身是什么性质的东西而言。所以就“灵魂”的作用而言，只有两种。这两种作用和中国古代哲学中所说的“知”和“行”是完全相当的。亚里士多德自己也有相同的意见。他说：“有生物的灵魂是由两种能力来表现的，即一方面是判断（这是思维的作用）的能力和感觉的能力，而另一方面是移动的能力。”（*Aristotle's De Anima*，英译本，第三编第九章。

① 本文出自《潘菽全集》，人民教育出版社，2007年7月第1版，第五卷，第97页。

Rand 摘录本，第79页）这里所说的“移动”应该是广义的。这样，这里所说就更显然和“知”和“行”的说法相当了。但中国古代哲学讲到“知”和“行”时和古代希腊哲学讲到“运动”和“知觉”时有一点差别，那就是前者是专指人说的，而后者则指人和动物一起说的。但，总之，中国古代哲学和古代希腊最有代表性的一种哲学对人类的心理活动的看法都基本上是二分法而不是近代心理学中流行的三分法。

四、对李贽论“才与胆皆因识见而后充”的评释[①]

关于认识和其他基本心理活动的相互关系这个重要问题的见解，在中国思想史上另一个可以举出的例子是李贽的看法。他在《焚书》中说：“有二十分见识，便能成就得十分才。盖有此见识，则虽只有五六分才料，便成十分矣。有二十分见识，便能使发得十分胆。盖识见既大，虽只有四五分胆，亦成十分去矣。是才与胆皆因识见而后充者也。空有其才而无其胆，则有所怯而不敢。空有其胆而无其才，则不过冥行妄作之人耳。盖才、胆实由识而济，故天下唯识为难。有其识则虽四五分才与胆，皆可建立而成事也。然天下又有因才而生

① 本文出自《心理学简札》，人民教育出版社，2009年9月第1版，卷九，第570页。

胆者，有因胆而发才者，又未可以一概也。”（《焚书》第4卷）这里所说的“见识”或“识”当然是指认识而说，所说的“才”应该是普通说话中的才能或能力的意思，因而也含有一部分“见识”的意思，但也可以含有一部分意志或“胆”的成分，难于作确切的简单说明。所说的“胆”，显然可以理解为“决心”或“勇气”或坚强的意志的意思。大概看来，“才”和胆在一起主要是指行动或实践方面的能力或情况而说的。因此，李贽在这里所论的也就基本上是认识与行动或知与行的关系的问题。他的主要意见是：“才与胆皆因识见而后充。……盖才、胆实由识而济，故天下唯识为难。”这就是说，认识具有它的一种独特的关键性作用。这个见解是有它一方面的正确性和重要性的。他说“天下唯识为难”，也指出了一种重要的实际情况。列宁所说“不是白白可以得到的”（列宁：《共产主义运动中的“左派”幼稚病》，人民出版社1971年版，第59页），也是说明所需要的认识并不是很容易得到的。至于所说“才”和“胆”的相互关系，虽然也有一定道理，但由于“才”的含义较复杂，它们之间的关系应该不外乎是“识”与“胆”或“识”与意志的关系，并不构成另一个问题。李贽在这里的整个见解所留下的主要问题在于忽视了“识”对“才”和“胆”的依赖关系，也就是认识对行动或实践的依赖关系。

他只知道“因才而生胆”和“因胆而发才”，但不知道“识”和“胆”和“才”，即知和行，也是这样的相互关系并且行是主导的。不过，由于“才”含有“识”的成分，所以“因胆而发才”这个说法也就含有一部分“因胆而发识”的含义。但李贽自己大概并没有明白意味着这一点。所以，总的看来，可以说他还只是看到一个方面。此外，他也忽视了情的重要作用。列宁鲜明地指出“情实在是一切智慧之本”。这是很值得重视的一个精辟论断。

五、荀况关于人的认识问题的见解十分辉煌[①]

荀况关于人的认识问题的见解也是十分辉煌的。他说：“不闻不若闻之，闻之不若见之，见之不若知之，知之不若行之。学至于行之而止矣。行之明也。……故闻之而不见，虽博必谬；见之而不知，虽识（记）必妄；知之而不行，虽敦必困。”（《儒效》）“闻之”就是间接从别人听到。“见之”就是亲自直接看到。“知之”就是理解，就是懂得。“行之”就是去做，去实践。所以荀况这一段话用现代的话来说，就是：如果对于什么事物听也没有听说过，就从别人间接听说一

① 本文出自《中国古代心理学思想研究》（江西人民出版社，1983年2月第1版，第49页）之《关于荀况心理学思想的研究札记》（二）。题目采用《潘菽全集》（人民教育出版社2007年版）收入此文时所加题名。

下也好。但间接听说不如亲自直接看到。看到了还应该理解，能懂得。能懂得了，还要经过实践才行。学习到了经过实践才算到家了，因为经过实践才能真正明白。如果只是间接听到而没有亲自直接看到，虽然听得多也必然有错误。如果看到而不懂得，虽然有了印象而记住，也必然还靠不住。但如果懂了而没有经过实践，虽然懂得似乎着实（“敦”），也必然还有行不通的困难。

这样的论述已是一种接近而还不完整的实践论的认识论。这里有间接认识和直接认识的区别，有感性认识和理性认识的区别，也明确指出了认识对实践的依赖关系。在其他地方荀况又强调指出学习有赖于实践，不通过实践就不会有知识（见本章第七条）。这是说明认识的产生也是依赖于实践的。在二千三百年前的古代就已有这样大体完备而基本正确的认识论理论，这在整个世界思想史上也是很难得的。中国一向就有“百闻不如一见”的说法。但指出见到了还要懂得，懂得了还要实践的验证，这是荀况很独特的贡献。但这个贡献在儒家唯心论泛滥之下，一直没有受到应有的注意，甚至似乎完全被忘掉了。中国思想史上也一向有人注意到“知行合一”的问题，但儒家和其他的唯心论者不可能正确解答这个问题，更没有人能像荀况这样明确指出“知”对“行”的依赖关系。“知”和

“行”的统一问题，在毛泽东同志的《实践论》中才得到前所未有的辩证唯物论的精辟阐明。

六、荀况强调学习，认为人非天生，无非积习而成，这种说法是符合唯物论的[①]

荀况是十分强调学习的。他把《劝学》一篇置于开宗明义的地位。他说：“学不可以已（学习不能停止）。”（本节引文，除《儒效》篇外，均见《劝学》）他认为要学习才能成为人，不学习就会和动物相去不远（“为之人也，舍之禽兽”）。又说：“吾尝终日而思矣，不如须臾之所学也”（我曾经想了一整天，还不如用片刻工夫去学习一下）。这就是说，一个人要有知识能力，就要不断地学习。关于怎样学习，他强调了学习和实践的关系。他说：“不登高山，不知天之高也；不临深溪，不知地之厚也”（不实践就不会有知识）。他关于学习的中心思想是“积”，就是积累。不断地学习，久而久之，就会积累成很多的东西，产生很大的质的变化。他说：“积土成山，风雨兴焉；积水成渊，蛟龙生焉；积善成德，而神明自得，圣心备焉”（“圣心”是说极聪明的心）。他说到

① 本文出自《中国古代心理学思想研究》（江西人民出版社，1983年2月第1版，第50页）之《关于荀况心理学思想的研究札记》（三）。题目采用《潘菽全集》（人民教育出版社2007年版）收入此文时所加题名。

学习的具体方法、学习的最终目的的时候，显然有欠恰当的地方，说明他所受到的时代社会的限制，但“积”这个见解是基本正确的，是鲜明的非先验论。他在《儒效》篇也说：“故积土而为山，积水而为海，旦暮积谓之岁。……涂之人——百姓，积善而全尽谓之圣人。彼求之而后得，为之而后成，积之而后高，尽之而后圣。……人积耨耕而为农夫，积斫削而为工匠，积反（贩）货而为商贾；……居楚而楚，居越而越，居夏（诸夏，中夏）而夏。是非天性也，积靡（摩）使然也。”这就是说，积小成大，积短成长，积量变为质变，不同的人是由不同的学习积累而成，最有聪明才干的人也不过是普通的人经过高度的积习而成的，并且，人生活在不同的地方环境中就由于不同的积习而成为具有那个地方特点的人。所以，一个人成为怎样的人，都不是天生就这样，无非是积习的结果。这样的说法是符合唯物论的，到现在还显得很正确。

七、荀况关于思想和其他心理活动的关系的合乎科学的论断，也是罕见而突出的[①]

关于思想（包括思虑和思维两方面），荀况没有着重讲，

① 本文出自《中国古代心理学思想研究》（江西人民出版社，1983年2月第1版，第55页）之《关于荀况心理学思想的研究札记》（六）。题目采用《潘菽全集》（人民教育出版社2007年版）收入此文时所加题名。

也讲得太少，但也不是没有讲到，虽然还欠明确。他对思想的一些言论都是关于思想与其他心理活动的关系的，这却是较少受到注意的一个问题。因此，这就构成他关于心理学的见解中另一个很值得重视的地方。他在一处说："情然而心为之择谓之虑。心虑而能为之动谓之伪。虑积焉，能习焉，而后成谓之伪。"（《正名》）这里说的是"虑"和"情"的关系，以及"虑"和"能力"及"作为"的关系。这里的"虑"显得兼有思虑和思维两方面的意思，所以是"思想"的意思。说"情"已是那样（"然"，即已有了一定的情），而"心"给它做出抉择，做出指引，就是所谓思想。这是说明"虑"和"情"的关系的。说"心"有了"思想"，而"能力"或"力量"（"能"）给它推动或使它实现出来（"为之动"），就叫作作为（"伪"）。但要经过不只一次的"虑"，也不只一次"力量"的推动，才成为作为。这是说明 "虑"和"能力"以及"作为"的关系的。这里也同时说明了"思想"和"心"的关系，指出"思想"是"心"的一种作用。这里所引述的荀况的这些论断都是基本上合乎科学的光辉论断。这些论断在中国思想史上是一个大的进步，是荀况的独特贡献之一，并且在中国二千多年的封建时代中没有人能更前进一步予以发展，甚至被忘掉了。荀况在另一处讲到权衡，权衡就是判断，抉择。所以讲的也是关于思想的问题。他说："欲恶取舍之权——见其可欲也，则必前后虑其可恶也者，见其可利也，则必前后虑其可害也者，而兼权之，孰计之，然后定其欲恶取舍；如是则常不失陷矣。"（《不苟》）他又说："人无（无论什么）动而（都）不（可能这个"不"是衍文，这样前面的"而"就可以不改读）可以不与权俱。……权不正，则祸托于欲，而人以为福，福托于恶，而人以为祸，此亦人所以惑于祸福也。道（规律）者，古今之（意思是客观存在的）正权也；离道而内自择（凭自己的主观决择），则不知祸福之所托。"（《正名》）这是说思想对行动的指引作用，指出没有什么行动可以不与思想在一起；如没有思想的正确衡量或判断，就会看不清楚坏事或是好事，就会违反了无论什么时候都是正确的衡量标准的客观规律，而凭自己的主观去决择，因而不能知道好事和坏事之所在。这里应该注意的是荀况强调了思想的指引对行动的必要性和重要性，以及思想必须以客观规律为依据。他又在另一地方说："思乃（若）精，志之荣。"（《成相》）这是讲思想和意志的关系的。"荣"是"茂盛"的意思，是成长或开展得很好的意思，是能开花结果的意思。他在别一处讲到知识时，也有"志意之荣也"（《赋》）的说法。因此，这句话是说思想如果精细或精通，意志就会凭此而顺利开展出来而达到好的结果。这样说明思想和意志的关系也是基本上正确的。这里所引述荀况关于思想的这些论断，虽对于思想本身还缺乏明确的说明，但就思想所起的作用说，都是很合乎科学而闪闪有光的，是表现着朴素的唯物论和辩证法观点的，在先秦乃至明清的思想史上是很罕见而突出的。

八、荀况对“知”的许多看法在我国思想史上是难得而光辉夺目的[①]

荀况在许多地方讲到了“知”。荀况讲的“知”是什么意思呢？他所讲的“知”主要是“理解”或“懂得”的意思。不过，他在讲到人和动物的区别的时候说：“水火有气而无生，草木有生而无知，禽兽有知而无义；人有气有生有知亦且有义，故最天下为贵也。”（《王制》）

这里所说的“知”应该是普通说话中所说“知觉”的“知”。禽兽是高级动物，说它们有普通所说的“知觉”是合理的。荀况在其他地方所讲的“知”几乎都是指比感知觉高一层的认识，即相当于“理解”的意思。荀况强调了人和

① 本文出自《中国古代心理学思想研究》（江西人民出版社，1983年2月第1版，第62页）之《关于荀况心理学思想的研究札记》（十）。题目采用《潘菽全集》（人民教育出版社2007年版）收入此文时所加题名。

动物的本质区别，但所指出的区别都不大确切。他在上面引到的那段议论中所说人和动物的区别在于“义”和“能群”，在另一地方所说的区别则是“有辨”。他显得是着重在伦理、政治或社会生活方面指出人和动物的区别的。从心理方面看，他指出的人兽区别颇欠明确。在一方面，他会使别人误解禽兽和人一样有“知”；在另一方面，他所说的“有辨”的意义如果是像其他一些地方讲的“辨别”，那也不足以明确划清人和动物的界限。所以，荀况在这个问题上的见解是还有较大的缺陷的。就这里要考察的主要问题看，荀况所讲的“知”有几个有代表性的例子。如说“知”是“征知”（《正名》），是凭着感知觉的“同异”辨别而进一步的认识。“知”是“察”，是“知道”（《解蔽》），是明白事物的规律性。“知”是“危微之几，惟明君子而后能知之”（《解蔽》）的“知”，是“机智”的意思。“知”又是“思虑而求知之”（《性恶》）的“知”，是通过思维而得到的“知”。如前提到，他又有“见之不若知之”（《儒效》）的说法。这是了解和理解的意思。显然，荀况所说的“知”主要是指比感知觉较高一级的认识，但还有别于全部思维。“知”和“谋”或“虑”是“心”的主要作用。所以，荀况在好几个地方都把“知”和“虑”联系在一起说（如《修身》《天论》等篇）。他又讨论道：

“心”何以“知”呢？在哪些情况下“心”才能“知”呢？“曰：虚壹而静”（《解蔽》）。就是说，要虚心，要专一，要宁静。照荀况说，“心”有“知”就有记忆（“志”）。所以“心”中总是贮藏着一些东西的（“心未尝不臧也”），“然而有所谓虚，不以所已臧害所将受谓之虚”。不使“心”中已记住的东西妨得所要接受的东西，这叫作“虚”。有“知”就有“异”，有辨别比较（“知而有异”），“异”就是同时“知”两样以上的东西（“异也者同时兼知之”），那就是“两”（不专一），然而不使那一样妨碍这一样，就叫作“壹”【“不以夫（彼）一害此一谓之壹”】。荀况又有“心枝则无知……故知者择一而壹焉”的说法，也是这个意思。“心”可以有种种活动（“心卧则梦，偷则自行，使之则谋”），在睡的时候也不完全休息，所以常是在活动的（“故心未尝不动也”），“然而有所谓静；不以梦剧乱知谓之静”（均见《解蔽》），不因为梦和偷（原文“剧”似是“偷”之误，从前条可知）这种跑野马式的胡思乱想而妨碍“知”，就叫作静。这里所说“知”的条件是有一定道理的，显然是从实际观察分析所得的概括，也解说得具体而明确，不像历史上许多人也有虚心、专一、宁静这类说法，但说得抽象而含糊。不过，“虚壹而静”之说也有其片面性。“臧”有的是有害对于新的接受的，有的却有利，是必要的。“兼知”有时也是需要。有帮助的，虽然有时则否。“动”也是这样。所以还得进一步分析，不能一概而论。荀况又提到“情”可以扰乱“知”。他说，“心忧恐则口衔刍豢（牛羊肉和猪肉）而不知其味，耳听钟鼓而不知其声，目视黼黻（古代“高贵者”衣服和器物上一种象征高贵的花式）而不知其状，轻暖平簟（单）而体不知其安”。（《正名》）这是一般所熟悉的事情。荀况对于“知”还有一种值得予以表出的重要见解，那就是“知”有“曲”和“合”的情况。他说，“夫道（事物规律）者，体常（本身是常规的，常恒的，即《天论》所说“天行有常”的意思）而尽变（但极尽变化，有各种不同的具体表现），一隅不足以举之（一个片面，一种表现，不能完全代表它）。曲知之人（一隅之知的人），观于道之一隅而未之能识也，故以为足而饰之（自以为知得够了并装作这个样子），内以自乱（混过自己），外以惑人……此蔽塞之祸也”（《解蔽》）。荀况在这里关于事物规律的“知”的阐述是合乎科学而辨证的，在他的时代以及后来二千多年的长时期中也十分难得。“体常而尽变”是对于客观事物规律高度概括的深刻理解，可以作为事物规律的一个基本原则来看待。凡是犯经验主义和教条主义的人，就是只能“观于一隅”的“曲知之人”。荀况又说，“知之在人者谓之知。知有所合谓之智”（《正名》）。这大概是说，当“知”只是就人的主观方面说的时候，这是泛泛而说的“知”。当“知”联系到客观事物而有所符合的时候，就是“智”的“知”了。荀况这样把“知”分为两种情况也是很重要的。因为人们常常忽视这个重要的区分，以致把一切“知”都看作同样有价值。其实“知”要能和客观事物有所符合，才可以说是有益于人的聪明的“知”，才是“智”的“知”。这样关于“知”和“智”的说法也是唯物论的说法。此外，荀况还讲到关于“知”的一个很重要的问题。他说：“凡以知（即“所以知”或“能知”的意思），人之性也，可以知，物之理也。以可知人之性，求可以知物之理，而无所疑（疑定，规定）止（限制，界限）之，则没世穷年不能遍也。其所以贯（习知贯通的意思）理焉虽亿万，已（终）不足以浃（周遍）万物之变，与愚者若一（和愚人一样）。学，老身长子（到了身老而子孙长大），而与愚者若一，犹不知错（丢开），夫是之谓妄人。故学也者，固学止之也。”（《解蔽》）这里的中心论点是反对为“知”而“知”或者为学习而学习，提倡“知”或“学”要有所要求达到的明确目的，要有确定的界限。荀况这番话是对目的模糊、漫无边际地追求“知”或从事学习的人很尖锐而中肯的批评。世界上确然有这样的人，尤其在旧时代。这种人其实到头来还是和愚人差不多。但很多人都有可能或多或少犯这种错误。可知的物之理是无穷无尽的。没有明确的目标，脱离实践，胡七乱八地对千百万“物之理”累积很多的“知”，能有多少益处呢？怎么能就成为一个聪明的人呢？这样一个关于人的认识的重要问题，过去似乎没有人曾像荀况这样深刻地予以论述过。庄周也曾说过：“吾生也有涯，而知也无涯，以有涯随无涯，殆矣！”（《庄子·养生主》）庄周以为，以有限的一生去追求无限的知是危险的。但庄周这种看法是消极的。荀况关于“知”的边际或界限的看法，则是完全从积极方面出发的。至于“知”的界限在于实践，则是荀况还没有能看到的。他说：“恶乎止之？曰，止诸至足。曷谓至足？曰，圣也。”（《解蔽》）他在《劝学》篇也有“学……终乎为圣人”的说法。这是由于时代和社会限制的错误看法，是典型的“君子”之流的看法。但是，荀况在这里关于“知”不可以“无所疑止”的看法，和庄周的有关看法一样，只是就个人而论的。如若就整个社会或全人类而论问题就不一样。还有一点，明确指出“物之理”是“知”的对象，并且肯定“物之理”是可知的，这也是鲜明的唯物论观点。可见荀况有些关于“知”的看法，在我国思想史上也都是很难得而光辉夺目的，其中有些还有很可贵的现实意义。

第七章　情二端论

一、中国古代思想家对情绪理论的重要贡献[①]

人们的情绪有种种形态，传统心理学都把它们归纳为几种，有的归纳为至少三种。在一般说话中，常讲到的或者容易区别开来的情绪也只有几种。但究竟有多少种可以确定为基本的情绪形态，则又没有一致的看法。中国两千年前就已有“六情”，即好、恶、喜、怒、哀、乐（见《左传》和《荀子》），“七情”，即喜、怒、哀、乐、爱、恶、欲（见《礼记》）或喜、怒、忧、思、悲、恐、惊（见《内经》）的说法。就时代的古远而论，更值得注意的是中国古代把情绪归纳为最基本的“好、恶”或“欲、恶”两种，说“喜生于好，怒生于恶……好物乐也，恶物哀也”（《左传》），或说“欲、恶者心之大端也”（《礼记》）。把情绪区别为最基本的两种形态，这是具有颇深刻的科学意义的，是我国在两千年前的古代思想家对情绪理论的一种很重要的贡献。

---

① 本文出自《心理学简札》，人民教育出版社，2009年9月第1版，卷一，第46页。

这种贡献到今天仍具有重要的意义，情绪所包含的躯体变化只能区分为两种。情绪分为最基本的两种也和把情绪隶属于意向这个观点相一致。因为意向活动的最基本形态也只有两种——正意向和反意向。

二、《韩非子·解老》中的“慈故能勇”的评释[①]

《韩非子·解老》说：“慈母之于弱子也务致其福。务致其福则事除其祸。事除其祸则思虑熟。思虑熟则得事理。得事理则必成功。必成功则其行之也不疑。不疑之谓勇。圣人之于万事也尽如慈母之为弱子虑也，故见必行之道。见必行之道则明，其从事亦不疑。不疑之谓勇。不疑生于慈。故曰，‘慈故能勇’。”这是解释老聃所说“慈故能勇”这个道理的。“慈”是一种情，也就是一种意，“勇”是决心，是无畏，是大胆。可见，“慈”和“勇”都是属于行动方面的事情。由“慈”到“勇”是一种发展。为什么“慈”能发展成为“勇”呢？照韩非所明白地指出的，这是通过“思虑熟”（反复而周到的思想），“得事理”或“见必行之道”的。就是说，这是

① 本文出自《心理学简札》，人民教育出版社，2009年9月第1版，卷九，第569页。

通过充分的认识而明白了事物的必然规律的结果。所以韩非所强调说明的也就是认识和行动（情绪或意向的外化表现）的内在关系。以慈母对待幼弱儿女的一般表现来说，因为慈母对幼弱的儿女有爱护的深情，所以总是千方百计要使他们得到幸福，免除祸害。这样就要深思熟虑，考察周到。这样就能找到致福除祸的条件，明白看到必须遵循和必然行得通的道路。这样就能产生决心，表现无畏，加强胆略，提高勇气。韩非对这种关系的说明基本上是很正确的，恰当指出这种关系也是很重要的，并且他还注意到了认识对行动或意向或情绪的一种依赖关系，即慈母那样的深思熟虑是由于对幼小儿女的爱护深情。要为他们“致福”“除祸”。不过韩非所说是就“慈”和“勇”的内在联系而论的。事实上，“慈母”也可以思虑得不深不熟或者虽然思虑得相当深熟但仍没有十分明白有关事物的道理而就产生勇气。也可以由“母爱”这种情绪本身所具有的“冲动性”，并没有经过怎样的思虑考察而就直接产生勇气。那又当别论。在后一种情况下，勇气就会不可靠以致败事。所以，一个关键问题还在于“思虑”得怎样，即认识得怎样。所以，韩非的说明是基本上正确的。

三、我国古代另一个相当一贯的重要心理学思想是关于情的分类理论①

我国古代的心理学思想的另一个相当一贯的重要原理特征是关于情的分类理论。有一种分类认为人的情可分为“喜、怒、哀、乐、爱、恶”六种（《礼记》），有的也说“好、恶、喜、怒、哀、乐”（《荀子·天论》）。也有采用七情说的。七情是指“喜、怒、哀、惧、爱、恶、欲”（《白虎通德论·情性》），或“喜、怒、忧、思、悲、恐、惊”（《内经》）。还可以有其他类似的说法。也还有说情有“喜、怒、哀、乐”四种的（《中庸》）。这里的六情说较有代表性，比较合理。七情说的前一种只比六情说多一个“欲”，但把“乐”换作“惧”是不合适的。此外，“欲”是情所共有的共同倾向，并不是另一种情。故这种七情说是不恰当的。后一种七情说显得庞杂混乱，其中的“思”显然不是一种情，故更不足为据。四情说不完备，似只是六情说的一种简称。人的情的表现原是变化多样，很难一定说有几种。故西方

① 本文出自《心理学简札》，人民教育出版社，2009年9月第1版，卷十，第916页。

心理学中关于情的数目说法很不一致，少的说有三种，多的说有十六七种。我国传统中所说的六情或七情是比较多少适中的，用来代表情的几种基本形式是恰当的，而六情说又比七情说较好。我国古代思想中又有一种见解，指出情的根本形式不外两种，即好和恶。《礼记》中说："饮食男女人之大欲存焉，死亡贫苦人之大恶存焉。故欲恶者心之大端也。"《商君书·错法》说："人情有好恶，故民可治也。"《韩非子·八经》说："凡治天下必因人情。人情者有好恶，故赏罚可用。"董仲舒在《春秋繁露·保位权》中也说："民无所好，君无以劝也。民无所恶，君无以畏也。"这都是强调指出人有好恶两种基本的情的。指出人的情虽有种种变化形式，但都不外乎"好"和"恶"这两大端最基本的形式的变化。这也是一种辉煌的料学见解。因为情对有关对象的态度总不外乎是积极的和消极的两种。所以，情应该是两两成对的，如上面所讲第一种和第二种"六情说"正好就是三对情所构成的，而其中的一对又是基本的。这些都表现出我国古代心理学思想关于情的理论的独特可取之处。

四、荀况对情的独特说法，并把情分为两“大端”的一种重要贡献[①]

《荀子》中还有两处地方特别讲到情。一处说：“性之好、恶、喜、怒、哀、乐谓之情。”（《正名》）这个“六情说”和《天论》篇中所说完全一样，但这里指出了情和性的关系，说情是从性发出来的，或者说情是性的一种表现，是性的一种活动形式。这并不是荀况的创见。不过他这样说，也就成为他自己的一种看法。但是什么叫作“性”呢？他就在同一个地方说，“生之所以然者谓之性。”又说“不事而自然谓之性”，意思都一样，都是说生成这样或天然这样的就是“性”。那么，照他所说的人生而二足无毛，猩猩二足而毛，是否也是“性”呢？所以，“生之谓性”的说法虽然也不是荀况的独创，但其实代表着一种欠分析的抽象观念。荀况采用了这种说法也没有作明白的解说。这就未免构成了他的学说中的一个重要缺点。《天论》篇说“形具而神生，好、恶、喜、怒、哀、乐臧焉”。那是比较合乎逻辑而明白的。至于在另一个特别讲到情的地方，荀况说：“说、故、喜、怒、哀、乐、

① 本文出自《中国古代心理学思想研究》（江西人民出版社，1983年2月第1版，第53页）之《关于荀况心理学思想的研究札记》（五）。题目采用《潘菽全集》（人民教育出版社2007年版）收入此文时所加题名。

爱、恶、欲，以心异。”（《正名》）这句话是说明“何缘而以同异”（凭什么而能辨别同异）这个问题的时候说的。这里说喜、怒、哀、乐等是由“心”辨别的。这样说，到现在还可以大致适用，只要把“心”理解为脑就行。这里所说的辨别对象是喜、怒、哀、乐之类，都是情的一类。要注意的是，这里讲到的情，除上面的“六情”之外还多一个“欲”，是采用了“七情说”的。可见荀况不只采用了“六情说”，也采用了“七情说”。两种说法没有什么重要差别，所以采用哪一种说法并不构成大的问题。不过这里又加上“说”和“故”。这两个字可能是“衍文”或“误字”，因此很不好理解。但有人解释说：“说”的古义也有“释”的意思，因此“说”就是“开释”的意思，而“故”可读为“锢”，就是心中“郁结”的意思。不过在古代，“说”可以通借为“悦”，所以可能就是“悦”或者“愉快”的意思。至于“故”，如果可以读为“锢”或“固”，也可能就是“郁结”或“郁闷”或“不愉快”的意思。如果这样，把二者列入“情”当然也可以。这样，就有了九情，就是“九情说”了。这就成了荀况的独特说法了。在实际上，情的表现形式是多种多样的，要说情的表现形式有确定不移的几种是特别困难的。不过分别得太粗略固然不足以说明事实，分别过于琐细，也没有必要并且会成为不恰当。我国古代的“六情说”或“七情说”显得比较繁简适中，但也不是不有所损益。至于把情分为两“大端”（《正名》）则是不移之论，确乎是我国古代人的一种重要贡献。又，关于，“欲”，照荀况的正确看法，这是不同的情所共同的具体化表现（例如“爱之欲其生，恶之欲其死”的“欲”），并不是一种特殊的情。（荀况也有时把“欲”说作是一种情的意思，如说：“欲恶取舍之权。”但这时所说的“欲”同“好”或“爱”是同样的意义，并不是另外一种情。）所以，就“六情说”和“七情说”本身而论，不包括“欲”的“六情说”是比较可取的。荀况也显得比较倾向于“六情说”。

五、关于感知觉，荀况也有值得称道的论述[①]

关于感知觉，荀况也有值得称道的论述。他在讲到同异辨认问题时说：“然则何缘而以同异？曰：缘天官。凡同类同情者，其天官之意物也同，故比方之疑似而通。”（《正名》）这是说，事物的同异是由感觉器官来辨别的。凡是同类同情况的，感觉器官对事物的辨认（认识）（“意”的意义应相当于

① 本文出自《中国古代心理学思想研究》（江西人民出版社，1983年2月第1版，第57页）之《关于荀况心理学思想的研究札记》（七）。题目采用《潘菽全集》（人民教育出版社2007年版）收入此文时所加题名。

意识的意，但把它理解为能动词的意义也可以）也相同。所以，似乎类似的东西摆在一起比较一下，就可以看出它们的共同性联系了。这是讲对“同”的辨别的。至于对“异”的辨别，荀况接着说：“形、体、色、理、以目异。声、音、清、浊、调、竽、奇声、以耳异。甘、苦、咸、淡、辛、酸、奇味、以口异。香、臭、芬、郁、腥、臊、洒、酸、奇臭、以鼻异。疾、养、沧、热、滑、铍、轻、重、以形体异。”（《正名》）“形”是形状。“体”是质地和大小。“理”是纹理或花式。“异”是辨别差异。“调”，据一种解释，是小声的意思。“竽”，据同一解释，是大声的意思。“奇”是“其余”的意思，“奇声”就是以及“其余的声音”的意思。“奇味”和“奇臭”也要作同样的理解。“洒”可能是“酒”之误。后面的“酸”应是指“酸”的臭气。前面的“酸”是指“酸”的味道。“疾”是痛的意思。“养”就是痒。“沧”是冷的意思。“铍”是不平滑的意思。这里是说，形、体等是用眼睛分辨它们的不同的，声、音等等是用耳朵分辨它们的不同的，甜、苦等等是用嘴分辨它们的不同的，香、臭等等是用鼻子分辨它们的不同的，痛、痒等等则是用身体分辨它们的不同的。这里值得注意的是：荀况认为事物的那些同异是专由感觉器官辨别的，没有提到“心”的作用。这和现在西方心理学倾向于认为感觉器官仿佛只是一些窗户，外界的影响由此而进入到脑才产生感知觉这种看法成为一种对比。当然，两方面都有片面性，但比较起来，荀况这种看法显得是比较近于真理的。从所说的视觉方面看，荀况所说显然不限于感觉，还牵涉到知觉。不过从知觉方面看，当然还讲得很不完备。但在感觉方面，所讲几种感觉对象的基本类别是相当完备了，有的感觉，如听觉、味觉、肤觉等，则和现在心理学上讲的几乎完全相当。再，荀况显然认为，感觉器官的同异辨别是由于事物本身有同异，如说同类同情况的事物，感觉器官对它们的辨认也相同。在差别方面的辨认，荀况也认为都是由于事物原来在各方面有种种不同的情况。这是明显的唯物论的感知觉论。

六、荀况的《正名》等篇对“欲”“情”等的光辉论述，远超其他思想家[①]

荀况在很多地方讲到“欲”。他讲的“欲”就是“欲望”或“欲求”的意思。在《正名》篇中有一段简括而比较完整的说明。在那里说：“性者天之就也，情者性之质也，欲者情之

① 本文出自《中国古代心理学思想研究》（江西人民出版社，1983年2月第1版，第66页）之《关于荀况心理学思想的研究札记》（十一）。题目采用《潘菽全集》（人民教育出版社2007年版）收入此文时所加题名。

应也。以所欲为可得而求之，情之所必不免也。以为可而道之，知所必出也。故虽为守门，欲不可去，性之具也。虽为天子，欲不可尽。欲虽不可尽，可以近尽也。欲虽不可去，求可节也。”这段话的意思是清楚明白的。它说：“性”是自然生成的，“情”是“性”所由构成的东西，“欲”是“情”对事物做出的反应。以为所欲的东西可以得到而去求取，是“情”所必不能免的。以为可以求取而去导引它，那是“知”所必出于此的。所以，虽然“守门”的人也不能去掉“欲”，因为这是“性”所具备的。虽然帝王（阶级社会中最有权势的人）也不能使“欲”得到完全的达到止境的满足。“欲”虽不能完全满足，但可以接近满足。“欲”虽不能去掉，但它的求取是可以调节的。这样的关于“欲”与“情”和“知”的关系的理解，除有抽象的缺点外，从现在看来也显得是基本上正确而光辉闪闪的。在二千三百年前那个时代，这就更显得难能可贵了。这里关于“性”的说法，也仍是流行的欠分析的说法。如果“情”是“性之质”，“性”就等于是“情”的总称了。照荀况的看法，“情”是“天情”（《天论》），“欲”也是生而有的（“人生而有欲”）。这都是偏于抽象的见解。其实“性”和“情”都是经过一定发展过程的结果，并不都是天上掉下来的。“欲”更显然是这样。关于“欲”，荀况显得恰当地指出了“欲”和“情”的关系，说欲是情之应。这个说法可以这样来理解，就是说，“欲”是指偏于主观冲动性的“情”向客观转化的确定倾向，如“爱之欲其生，恶之欲其死”的“欲”，所以，不仅“好”“喜”“乐”向客观转化的确定而具体的倾向可以称为“欲”，“恶”“怒”“哀”向客观转化的这种倾向也都可以称为“欲”。因此，所有的“情”针对一定的对象而向客观转化的确定倾向都可以称为“欲”。这样看来，包括“欲”的“七情说”是欠恰当的，不包括“欲”的“六情说”是比较恰当的。这是荀况在两处地方都采取“六情说”，表示他倾向于“六情说”的理由吧。关于“欲”和“知”或“虑”的关系，荀况说：“见其可欲也，则必前后虑其可恶也者；见其可利也，则必前后虑其可害也者；而兼权之，熟计之，然后定其欲恶取舍；如是财常不失陷矣。”（《不苟》）这和“情然而心为之择，谓之虑”（《正名》）是同样的意思。所以“欲”或“情”是需要“知”或“虑”的引导、辨择的。这也是荀况的一种很值得予以指出的重要见解。这种见解和荀况的另外一种更重要的看法是联系着的。那就是，他认为“欲”不可去而需要“养”或可以“节”。他说：“虽为守门，欲不可去，性之具也。……欲虽不可去，求可节也。”（《正名》）又说：“人生而有欲，欲而不得，则不能无求，求而无度量分界，则不能不争。争则乱……故制礼义以分之，以养人之欲，给人之求，使欲必不穷乎物（不因为缺乏物资而不能满足），物必不屈于欲（不致物资供给不上欲），两者相持而长（两者互相支持而增长起来）……”（《礼论》）可以看到，这是完全对于“欲”采取了积极的态度。这也是荀况的一种很突出的光辉思想，也是从他的朴素唯物论世界观方面焕发出来的。尤其要注意到，这是对他之前、他同时以及他之后的许许多多唯心思想家的寡欲主义、禁欲主义、无欲主义或欲恶论的一种尖锐而切中要害的批判。他明白反对宋钘的寡欲主义（《正论》）。他说：“宋子蔽于欲而不知得。”（《解蔽》）这是说宋钘不懂得“欲”，不知道它能产生积极的结果。这也就是“欲”和“物”两者能“相持而长”的一方面意思。这是对“欲”及其背后的“情”的一种十分深刻的进步见解，虽然还有偏于抽象的缺点。如果人类没有“欲”，或者都实行禁欲主义，社会就要死气沉沉，也难于有革命斗争和生产发展了。但荀况同时也看到“欲”是因“物”而发展的，是有赖于一定的物质条件的，在一定的社会发展条件下是不能全部得到、不能再前进发展的（“欲不可尽”）。不过他指出，“欲虽不可尽，可以近尽”（《正名》）。这是说，欲是可以得到适当的满足而接近于“尽”的。在另一方面，

“欲不可去”，“欲”又是应该得到满足的。但如果不能得到满足，怎么办呢？他说：“欲虽不可去，所求不得，虑者欲节求也。”（《正名》）就是说，在这时候可以由“虑”把“求”调节一下。这都是对于“欲”采取积极的唯物论态度的看法。不过，如果许多人的欲求完全不能或很少能得到满足的时候，怎么还能谈得上“节”呢？在这里，荀况显然忘记了自己指出的“欲”和“物”要“相持而长”这一点。他也显得没有注意到“均”的问题。如果一味讲“节求”，结果岂不会和“去欲”或“寡欲”没有区别吗？荀况又谈到“欲”和社会秩序或政治的关系。他说：“凡语治而待去欲者，无以道欲（不能引导欲）而困于有欲者也（由于有欲而没有办法），凡语治而待寡欲者，无以节而困于多欲者也。有欲无欲，异类也（表示不同的物类，如人类和木石），生死也（表示活的还是死的东西），非治乱也（无关治乱）。欲之多寡，异类也（也表示不同的物类，如人类和动物），情之数也（情所必然的），非治乱也。欲不待可得，而求者从所可（欲是不依赖于可不可以达到而就有的，但谋求达到就要看可能不可能）。……故欲过之而动不及（欲走得远而没有相应的行动），心止之也（由于受到“心”的制止）。心之所可中理，则欲虽多，奚伤于治？欲不及而动过之（行动超过了“欲”），心使之也（这是由于“心”的促使）。心之所可失理，则欲虽寡，奚止于乱？”（《正名》）这就是说，“欲”和“治乱”的关系不在于“欲”的有无和多少，而在于“欲”能不能得到“心”的引导和调节，以及“心”所认为是“中理”的还是“失理”的。这是一种含有十分可贵成分的见解。作为一种一般的概括思想，这也是在中国思想史上显得光辉突出的，是关于“欲”的争论的正确总结。然而，荀况的“欲”不可去也不应寡，而应该予以引导（“道”），予以发展（“养”）这一理论，在他那个年代以及后来的长期时代中，只能停留在美好的理论的地位。因为既有“君子”和“小人”之分（并且荀况是肯定这种区分的），关于“欲”的根本问题就在于存在着这种区分。被剥削被压迫的广大“小人”的“欲”只能“寡”到不能再“寡”，甚至实际上只能实行完全的去欲主义，既谈不到“节”，也说不上“中理”或“失理”的问题，因为已没有选择的余地或者根本没有实现的可能，所谓“欲”和“物”“两者相持而长”的说法也只能徒托空言而已。荀况没有看到这一点，也不可能看到这一点。此外，荀况由于认为欲求是由“心”引导或调节的，而“心”的引导、调节则有“中理”和“失理”的区别，因而进一步作出结论说：“故治乱在于心之所可，亡（无）于

（无关于）情之所欲”（《正名》），好像“心”可以脱离一切必要的客观条件而决定一切，因而好像要由“心”对“欲”所引起的社会影响单独全部负责。这却是滑到了唯心论方面去了。总之，荀况关于“欲”的一些可贵见解的基本缺陷，在于他受自己的时代和阶级地位的限制，对问题只作了偏于抽象的考察，看不到剥削别人压迫别人的人和受剥削受压迫的人会有不同的“欲”，并且他们的“欲”的满足情况是绝不相同的，不能混作一谈（荀况自己其实注意到“守门”和“天子”的“欲”得到满足的情况是很不同的，但没有，也不可能进一步理解一下这种事实）。前者的“欲”不愁得不到满足，甚至穷奢极欲，得到超度的成为罪恶、腐朽的满足，而后者则最基本的“欲”也只能得到很勉强的满足，甚至完全得不到满足。因此，对前者的“欲”不是“节”的问题，对后者的“欲”则谈不上“节”。一切寡欲主义、去欲主义或欲恶主义，其实都是为着前者而把矛头指向后者的。因此，荀况反对寡欲主义，主张“欲不可去”，就在实质上主要是为着后者说话的。荀况关于“欲”的学说虽有抽象的缺陷，但终究是十分可贵，并在二千多年的中国思想史上显得光辉独特的主要所在。在这方面的进步意义上，荀况可能明显地超过了所有其他的思想家。

第八章　主客论

一、由惠施的“万物毕同毕异”、荀况的“同则同之，异则异之”，可推导出“类则类之”这一规律[①]

客观世界中存在的为人们所直接认识的现实具体事物没有两个显得完全相同的，也没有两个是绝对相异的。这个情况可以借用惠施的一句话来加以概括，就是“万物毕同毕异”（《庄子·天下》）。“毕同毕异”可以看作是客观现实具体事物所表现的一个基本规律。人类对客观具体事物的认识和对待的一个基本规律可以采用荀况的说法，叫作“同则同之，异则异之”（《荀子·正名》）。不过，人类对客观事物的差异的辨别是有一定的限度的。一种限度是由于感觉器官的辨别能力有限度。感觉器官的辨别能力虽然能因条件而有所改变，有所提高，也因不同的人而有差别，不是固定不变的，但总是有一定限度的。另一种限度是由于实践上对辨别的要求有一定的

① 本文出自《心理学简札》，人民教育出版社，2009年9月第1版，卷九，第560页。

限度。人们在实践中往往把事物的某些差异予以忽略或放弃而不予计较，而在认识或对待上把它们当作是相同的或相等的东西。例如在数量计算或统计上的四舍五入或放弃小数第几位以下的数字就是这样。所以，一个人予以相同的认识或相同的对待的东西常常在实际上并不是完全相同的，甚至还有明显的差异。此外，由于“同则同之，异则异之”，就可以推导出一个辅助的规律，可以称为“类则类之”。这就是说，人们对同中有异或异中有同的事物，即类似的事物，就予以类似的，也就是同中有异或异中有同的认识或对待。这时候，认识或对待的类似程度一般也就因那对象事物的类似程度而定。有时候，在表面上看来，一个人是在对相类的事物作相同的认识或对待，而其实只是类似的。这一规律看似浅显平常，其实是很基本的。许多种心理活动都服从这个规律。从这个规律可以了解人的许多心理活动的事实。

二、“同则同之，异则异之”或“类则类之”这种规律的适用性及易犯的错误[①]

客观世界中的事物没有一个是固定不变的，都是在变化发

① 本文出自《心理学简札》，人民教育出版社，2009年9月第1版，卷九，第562页。

展之中，只是变化有快慢的不同，只是在一定时间内的变化有人们能觉察出来或觉察不出来的差别而已。因此，同一个事物经过一定的时间，就能变成先后不同的东西或类似的东西。许多事物到了不太久的时间以后，就会变成和原来不相同的东西或仅是相似的东西，而不再是和原来一样的东西了。因此，人们对这种事物的认识或对待也要产生相应的变化。人们对于别的人的认识或对待和对于别的事物是一样的。在一般情况下，一个人对另一个熟识的人到明天看到他的时候，对他的认识或对待应该和在今天看到他的时候没有什么差别，但过了相当久的时间以后，再看到他时就会一下子认不出来或者有所迟疑而不敢随即前去招呼他。如果那人还有事先已知道的其他方面的较大变化，那就会更是这样。所以，人类在认识或对待客观事物的时候，“同则同之，异则异之”或“类则类之”这种规律在同一件事物或同一个人身上在先后不同的时间的条件下也是适用的。父母对于儿女，教师对于学生往往在这个地方容易犯错误。不过，这里所说和前条所说都还没有把主体本身方面的变化和其他客观方面有关的条件变化考虑在内。这些方面的发展变化显然也都会影响到对客观事物的认识和对待的发展变化。

三、物质不生不灭说[①]

佛告舍利子以照见五蕴皆空之谛，日不生不灭，不垢不净，不增不减，是故空中无色。此以眼界意识界言之也。世界众生，即有生灭，以我观之，皆非生灭。不留一生灭之相于我心，故罣碍恐怖，一切消灭，颠倒梦想，一切远离，而眼界意识界皆清净矣。近代化学家言物质不生不灭，此以物质言之也。物虽有生灭，而其质无生无灭。就物论物，不涉乎人之身意，旨与佛氏异，而其效可助证佛氏之说。而吾儒言致知在格物，直包二家而扼其要矣，曷以言乎物质不生不灭耶？曰有所灭，乃有所生，即无所生，亦无所灭。生灭二者，不能独行，恒相附以循环不息，未见此有所生，而彼无所灭者也，亦未见彼有所灭，而此无所生者也。析木而焚之，所余者惟灰烬耳。灰烬之量，不逮夫所薪之木也，是物有所灭也。然物灭而质未灭。构成木之质者，以炭为主。方其燃烧之际，木中之炭，与养化合而成炭养，其余不能养化之物，则留而为灰。集灰与炭

① 本文出自《潘菽全集》，人民教育出版社，2007年7月第1版，第十卷，第4页。

原载《江苏省立第五中学校杂志》1916年第4期。时名潘淑，就读三年级。

原文中句与句之间一律是用“。”号分开，现在的标点为《潘菽全集》的编者所加。原文中的重点号以“、”“。”“◎”三种符号表示，现一律改用“.”表示。

养合衡之，其量且超于所薪之木。焚木非灭木质也，析炭气与灰为二而已。掇实而播之，俄而芽矣，俄而叶矣，又无何而枝干扶疏矣。曾几何时，而合抱干霄矣，是物有所生也。然物之生而非质之生。构成木之主要者，为空中之炭养气与溶解于水中之矿物质。木以叶与根干之有机作用，而吸取之，化分之，无裨于其生者，排泄之。合抱干霄之木，其所有之质，皆前者空气与泥土中所有之质也。植木非生木质也，并炭气与矿质于一处，化合之而已矣。人群进化，新理日彰。近数年来，更有所谓电子学说出焉。其说曰，凡原质能自行分解而成电子，电子亦能相合而为原质。原质中一原子，不知电子几千万颗相合而成，所包含电子数有多少，故其为性有异，而重量有差。一原子中所包含之电子，以分解之故，而因有多寡之异，故此原质能变为彼原质，贵金属能变为贱金属，如镁之与氩氖，铜之与锂是也。原质八十余种，皆为同性异数之电子相合而成。故宇宙之大，实成于一物，电子是也。电子者，往来太空，不可思议，不得复谓之物质矣。物质既能自行解散而为电子，是物质有灭也。电子亦能相合而成物质，是物质有生也。余谓是说也，使物质不生不灭之说益信。庸耳俗目，惟滞乎物以言物，故见为有生有灭。化学家统乎质以言物，故见为不生不灭。既统乎质以言物矣，则又何必滞乎质以言生灭乎？若滞乎质之相，而以为有生灭，与滞乎物之相而以为有生灭者，其相去也几何？物质既皆为电所构造，则此盈彼绌，于电之数无所增损也。太阳之光，烛照大地。幽崖深谷，重闼洞房，阻隔光明，乃生黑暗，不得谓阳光之量，因以减少也。电之与物质犹是耳，且既得名之为电，电即是物。电而析之曰子，子即是质。物质分解，而归其质于电。电子流播，则布其质于物。其所谓生灭者安在耶？滞乎质以言生灭者，自为纷扰耳。佛氏闻此言，必欣然微笑。谓吾固言不生不灭。然有色相存乎其心者，有所疑，即不能确然信。强使信之，终有强之迹于意识界。而罣碍恐怖之缘，未可尽去也。今乃证吾说之不谬，则闻吾说法，皆深悟而无所强，其证果愈直捷矣。儒者闻佛言，则大快。曰吾固言致知在格物，物不能格，则于知终有障。知有所障，则所谓诚意者，几微之缺憾，留于心而耿耿焉。佛氏不能外吾道以说法也。化学家亦不能外吾道以言学也。

四、评孔穿和公孙龙对“白马非马”和“臧三耳”的辩论[①]

《孔丛子》的《公孙龙》篇，较详细地记载了孔丘的后代孔穿和公孙龙辩论“白马非马”（这里所参考的《孔丛子》

① 本文出自《心理学简札》，人民教育出版社，2009年9月第1版，卷九，第717页。

是标明“万历五年刊”的日本版本。其中“白马非马”都作“白马非白马”，后一“白”字显然是衍文）和“臧三耳”这两个命题的经过。这是关于我国辩证思想的初步发展的一篇重要材料，值得予以较仔细的考察。当时公孙龙做赵平原君的门客。孔穿也准备到那里去。去之前，有人对孔穿说：“公孙龙这人在小的地方很能辩，但有害于大道（“小辩而毁大道”），你何不去矫正他一下。”（以下征引除另有注明外，均见《孔丛子·公孙龙》）孔穿原来不愿意，后来被说服了。他到了赵国，在平原君家里见到了公孙龙。他表示客气地对公孙龙说：“我在鲁国就听到你的名声，很仰慕你的言行，想向你学习很久了，但只是不赞同你白马非马的说法。你如能放弃这种学说，我就请你收我做学生。”公孙龙说：“你的话错了。我的学问正在于以白马为非马。要我去掉这个，就没有可以教人的了。要我没有什么可以教人而向我学习，岂不矛盾吗？并且要向我学习是因为聪明和学问不及我。现在要我放弃白马非马的说法，那是先教我而后拜我为师，这是不可以的。”公孙龙这段话表明他是如何自豪地把“白马非马”这个说法当作自己的命根子一般。孔穿则解释说：“我对公孙龙那样说，是因为仰慕他的聪明并欣赏他的作为（“高其智而悦其行”）。如果放弃了白马非马的说法，聪明和作为依然还在，我所要学习的并没有因此丧失。”孔穿的话正表明他要向公孙龙学习的虚伪。因为，如果真的要学习公孙龙的“智”和“行”，就正如他自己所说，可以不管他的“白马非马”学说。可见他要向公孙龙学习是假，要他放弃“白马非马”的说法是真。这里就表现了儒家是在和辩察家作斗争，不过斗争的方法并不高明。公孙龙在和孔穿辩论中，引用了两个事例。一个事例是尹文和齐王关于“士”的问题的问答。齐王问尹文说：“我很好士而齐国没有士，这是为什么？”尹文说：“现在有一个人忠、孝、信、顺四种德行都有，可以说是士吗？”王说：“好，这是真正我所谓士的人。”尹文说：“如果这个人在大庭广众中受到欺侮而不敢斗，你还要用他吗？”王说：“那是耻辱，我不要用他了。”尹文说：“虽然受欺侮而不斗，还是不失所以为士，但你就不用他了，那么我说的士就不是士了吗？”公孙龙引用这个事例时，照记载所说，他是以尹文自居的。但从逻辑看，他是居于齐王的地位的。齐王所说的士是一般的士。尹文所说的士是特殊具体的士。一般的士要“四行”齐备。尹文认为某一介特殊的可以称为士的人不免会有某种缺点，虽然因此和一般的士有了不同，但仍“不失所以为士”。这样说和说“白马非马”是一样的。齐王则认为有了这样的不同就不是士了。这和说“白马非马”是一样的。但是，齐王虽然在一定限度内可以勉强自圆其说，若要推而广之，就要碰壁。因为实际上很难找到“四行”齐全一无缺点的士。要这样去找“士”，就要一个“士”也找不到。所以齐王虽“好士”，却发现全国都没有他所要的“士”。同样，公孙龙要贯彻“白马非马”的说法，就得认为黑马、黄马、花马等等都不是马，结果只能说世界上没有一匹马存在。所以，公孙龙用这种事例来给自己辩护，恰好是要使自己碰壁。这也就是韩非所指出，片面强调白马非马的人却在经过关卡时不能不为所骑的白马交马税（《韩非子·外储说左上》）。公孙龙引用的另一个事例是：楚王在打猎时，丢失一张弓。左右的人要去找回。楚王说：“不用了，楚国的人丢失的弓会由楚国的人捡了去。还要找做什么呢？”孔丘听到了说：“楚王这样大量，但不彻底，应该说总会有人捡到就行了，何必一定要说楚人。”（孔丘这种话显得是片面强调一般的人的。照他的逻辑，可以敌我不分，是非不分，邪正不分。当然，实际上他也不这样做，并且做不到。他要杀少正卯，要把人分为上、中、下三等。）因而公孙龙向孔穿说：“这样，仲尼是把楚人区别于所谓人的。既然仲尼把楚人区别于所谓人，而要反对我把白马区别于所谓马【“非龙之异白马于所谓马”（原文无“所”字）】。这是矛盾的（“悖也”）。你喜好儒术而反对仲尼赞同的东西。要从我学习而又要我丢掉所以教的东西。虽有一百个我的智慧也实在不能担当。”从这个事例中孔丘说的话，公孙龙确乎给自己找到了最合适的佐证。认为白马不同于马，确乎和认为楚人不同于人的意义是一样的。于是，孔穿因为公孙龙说得有理而又说到了自己的祖宗头上，只好无话可对。其实，公孙龙在这里如要贯彻自己的说法，也要得到碰壁的结果。楚人不同于一般的人这一点是楚王的话和孔丘的话的共同出发点。但楚王认为楚弓由楚人捡去是由自己的人得到，可以不计较。孔丘则认为既然这样宽大为怀，就不必计较楚人或非楚人。如果楚人就等同于一般的人而没有什么差别，那就楚王的话和孔丘的话都成为毫无意义的废话了。然而，这不过是事情的一面，楚弓为楚人所得，实际上只能是为某一个楚人某甲所得。如果要像片面强调“白马非马”那样强调楚人非人，那也就应该强调楚某甲非楚人。推而广之，还应该认为楚某乙以至楚国的每一个人都非楚人。这样，怎么还能有所谓楚人的存在呢？公孙龙知道一点辩证法，所以能辩倒完全不懂辩证法的孔穿，但又知道得不够，所以要走向反面的形而上学，和齐王一样要碰壁。孔穿既完全不懂而又要反对辩证法，所以在公孙龙面前招架也不能招架一下而受到应有的完全失败的惩罚。但孔穿还是不服气，在背后对人说，公孙龙“言非而博，巧而不理”，所以我不答辩。但“非”在什么地方，“不理”在什么地方，他完全说不出来。过了几天，平原君大会宾客，把孔穿也请了来。平原君对孔穿说：“你是圣人的后人，老远跑来，要去掉公孙龙关于白马的学说。现在是非还没有分明，你就想回去，可以吗？”孔穿支吾其辞给自己解嘲说：“最精的道理可以自明（！），难道用得着我来说服吗（“岂任穿之退哉”）？”平原君问：“最精的说法可以讲给我听一下吗？”孔穿说：“这种说法要从‘经传’中取来。”接着，他举了《春秋》《诗经》《礼记》里的一些话来说明一切事物的名称都是形容词在前，名词在后，没有相反的。这和批评“白马非马”的说法有什么相干呢？可见，从“经传”中取来的并不就是“最精”的说法。孔穿确实不愧为孔门的子孙，能牢牢守住言必称“经传”那种学风。他被公孙龙斗得哑口无言，大败而逃，是不奇怪的。至于孔穿在对公孙龙的意见中说，“贵当物理，不贵繁辞”，这却是对的。公孙龙确乎是道理并不太多，话却说得不少。孔穿又和公孙龙在平原君那里辩论了“臧三耳”这个命题。记载只说公孙龙谈“臧三耳”时很会“辩析”，孔穿却完全没有作什么反应，一会儿就辞退出来了。可见他等于是临阵而逃的。可惜记载并没有记下公孙龙是怎样“辩析”臧三耳这个命题的。到了第二天，孔穿又去找了平原君。平原君对他说："昨天公孙龙确实辩论得不差。说实在话，你以为如何？"孔穿说："是的，几乎能把臧说成有三只耳朵了，然而实在很难。我要问你，说臧三耳很难而其实是不对的，说臧两耳很容易而其实是对的，你赞同哪一种说法呢？"平原君不能答。这就说明了孔穿虽然当时不能和公孙龙辩论下去，但并没有心服，只觉得公孙龙讲臧三耳的时候虽然很会辩论，可是非常费劲而其实还是不对的，不如一般人讲臧两耳那样容易，而其实却是对的。孔穿没有心服却是有理由的，平原君其实也没有听明白臧三耳的道理究竟在什么地方。公孙龙究竟用什么理由来论证臧三耳的，现在已难于知道，但推断起来，他不会有怎样强的理由而只能基本上是费力的似是而非的强辩。如果说臧还有一只精神的耳朵吧，那也是错误的。这一点可以从后来的范缜在他的《神灭论》中所阐明的道理得到明白。所以，孔穿所下的那种论断可以说是击中了公孙龙关于"臧三耳"的说法的致命弱点的。但他只是心里有一定的明白，但蔽于唯心论和形而上学观点而口不能辩。这也是他由于反对辩证法而受到的惩罚。平原君听了孔穿的话，觉得也有些对，因此后来对公孙龙说："你不要再和孔穿辩论了。这个人'理胜于辞'，而你是'辞胜于理'。'辞胜于理，终必受诎'（终究要遭到失败）。”说孔穿“理胜于辞”不完全对。说公孙龙“辞胜于理”和“终必受诎”则是确评。可见，平原君也只是佩服公孙龙的辩才，但思想上并没有被说服。还有他的一个门客史由也认为公孙龙“辞则有焉，理则否矣”（话是有的说的，在道理上就不对了）。这都是庄周所说辩察家“能胜人之口，不能服人之心”（《庄子·天下》）的实证吧。所以这场辩论的斗争中，公孙龙虽然在嘴上胜了，但在理上，在旁人的反应上，暴露了自己致命的弱点。（公孙龙在《孔丛子》的记载中所说“白马非马”的理由是有部分道理的，具有部分逻辑性。在《公孙龙子》中有关的说法就不是这样，几乎都是诡辩。所以《公孙龙子》是不是公孙龙的遗著很可怀疑。）不过，孔穿在理上也并不怎样高明。可以看到，春秋战国时代的辩察家的学说，所以很难得到别人的接受，以致受到诟病，一方面是因为形而上学思想的流行，一方面也是由于辩察家自己的辩证思想还只能是初步的、不完善的，缺乏科学知识的依据，因而不可避免地具有片面性，很容易和形而上学以至唯心论结合起来。事实就说明这样。然而，在那个时代能有这样的辩证思想的萌芽，毕竟是很可贵的。

五、荀况以唯物论观点正确分析错觉产生的原因及条件，确实难能可贵[①]

荀况也讲到错觉或不正确的感知觉。他说："凡观物有疑（不明确，不周到），中心不定，则外物不清（看不清楚）；吾虑不清（因而我们的思想也搞不明白），则未可定然否也。冥冥而行者（在黑暗中走路的人），见寝石以为伏虎也，见植林以为后（可能是"行"之误）人也，冥冥蔽其明也。醉者越百步之沟，以为蹞步（即跬步，半步）之浍也；俯而出城门，以为小之闺也；酒乱其神也。厌目而视者，视一以为两；掩耳而听者，听漠漠（无声）以为哅哅，埶乱其官也。故从山上望牛者若羊，而求羊者不下牵也，远蔽其大也。从山下望木者，十仞之木若箸（筷子），而求箸者不上折也；高蔽其长也。水动而景（影）摇，人不以定美恶，水埶玄（眩）也。瞽者仰视而不见星，人不以定有无，用精（目光）惑也。"（《解蔽》）可以看到，这里所说是感知觉会产生错误而产生错误的条件有：（1）观察不周到，（2）心不定静，（3）在黑暗光线下，

① 本文出自《中国古代心理学思想研究》（江西人民出版社，1983年2月第1版，第58页）之《关于荀况心理学思想的研究札记》（八）。题目采用《潘菽全集》（人民教育出版社2007年版）收入此文时所加题名。

（4）精神受了药物的影响，（5）感觉器官受到外力（埶）的扰乱，（6）所感知的对象距离太远，（7）反映的东西产生摇动，（8）感觉器官有缺陷。这样的分析当然还不够，不过已足以说明问题，别人可以“举一反三”了，并且在那样早的时代而能作出这样相当详细而基本上正确的论述，确乎是难能可贵的，显得是无与俦匹的。更值得注意的是：这里也指出“心”对感知觉的关系以及反过来感知觉对“心”的思想的关系（“外物不清”的结果是“吾虑不清”）。所以，在荀况看来，感知觉也不是完全和“心”无关的。还有，这里明白地指出了感知觉的对象是“外物”，是具体的事物。对感知觉的错误的说明也是联系着生活实践中的事例来说的，不是抽象的说明。这都是唯物论观点的表现。荀况接着上面那段话说：“有人焉，以此时定物（在发生错觉而思虑不明白的时候来对外物作断定），则世之愚者也。彼愚者之定物，以疑决疑（用不明确来判斯不明确），决必不当。彼苟不当，安能无过乎？”这就说明了感知觉的重要作用，指出对外物的感知觉不清楚，有错误，思想就不能明白，思想不能明白，就一定会做出不恰当的抉择，这样就不能不犯错误。这是确认对外在事物的感知觉，是人们认识的基础和正确行动的首先条件的唯物论认识论。

六、荀况关于“心者形之君也”“形具而神生”等光辉论断[①]

其次，可以注意到荀况关于“心”的理解。荀况所说的“心”不是抽象的，而是实指的，具体的，就是指心脏而言，和现在一般讲脑一样。荀况又明确地说：“心者，形之君也而神明之主也。”“神明”就是“形具而神生”的“神”，就是精神，就是现在所说的心理。这就是说，“心”是身体的主宰，是精神或心理的主体。这样的理解和现在一般对脑的理解可以说完全一致。“心”的作用是什么呢？荀况说：“人何以知道？曰：心。”“知”就是识知。“道”就是事物的道理或规律。人是凭“心”而能识知事物的道理的。又说：“人生而有知……心生而有知”。（以上引文均见《解蔽》）这两种说法有同样的意义，因为人有知是由于“心”有知。可以注意到这里明确指出了人，就是说明这里的论述是关于人的，和动物无关。

全部《荀子》中有关心理学的言论都是这样。荀况在上面

① 本文出自《中国古代心理学思想研究》（江西人民出版社，1983年2月第1版，第59页）之《关于荀况心理学思想的研究札记》（九）。题目采用《潘菽全集》（人民教育出版社2007年版）收入此文时所加题名。

的话中说明了“心”的作用是“知”，“心”是“生而有知”（能知）的，因而人也是“生而有知”（能知）的，“心”是人所以能知的器官。“心”既能知，就能辨别。所以荀况说：“心生而有知，知而有异。”对外物的“异”（辨别）是感觉器官的作用，但“心”也有“异”的作用。例如说，“说、故、喜、怒、哀、乐、爱、恶、欲，以心异。”这就说明人对自己内部的活动是由“心”辨别的。这样强调说明对内的辨别和对外的辨别的区分，是有重要的唯物论理由的，也有合理的一面，但过分强调也要违反事实。所以荀况仍得承认感知觉对“心”的依赖关系，心也有对感知觉的依赖关系。荀况又指出，“心”要运用，才能起“知”和其他的作用。他说：“心卧则梦，偷则自行，使之则谋”（《解蔽》）。就是说，在睡觉的时候，心就只能做梦，在懒散的时候就自流，要使用它才能谋虑。这里也同时说明“心”是能谋虑、能思想的，谋虑、思想也是“心”所有的作用。前文引述的“情然而心为之择谓之虑，心虑而能为之动谓之伪”，这种说法也明白说明“虑”（思想）是“心”的作用。因此，荀况所说的“心”的作用有“知”和“虑”二种。他在另一地方又说：“心不使焉，则白黑在前面目不见，雷鼓在侧而耳不闻。”这也说明了“心”要使用才能起作用，但也就同时说明了“心”

对于感知觉的作用，感知觉也有赖于“心”。这也就是“心居中虚，以治五官”的一种表现吧。荀况又曾讲到“心”和“欲”的关系。他说；“欲不待可得，而求者从所可（欲望并不因为有达到的可能才有，而谋求达到则要依从所有的可能性）。欲不待可得，所受乎天也（因为这是天然如此）；求者从所可，所受乎心也（因为这是要受心的决择指引的）。”这就是说，欲求是天然的，但要接受“心”的指引，要由“心”给它谋虑、决择，遵从可能的途径，才能客观化，才能得到满足。这样关于“心”对“欲”的关系的说明也是基本上确切的。但关于“欲”的由来，荀况认为这是天然的，因为他认为“欲”是“情”的表现，而“情”则是“生之谓性”的组成部分。这在荀况是一个应予分析说明而被回避了的问题，或者他认为这是自明的事实。荀况也曾指出“心”的“知”对感知觉的依赖关系。他说明了感觉器官的“同异”作用后接着说：“心有征知（依凭感官的感知觉辨别而作出的认识或理解）。征知，则缘耳而知声可也（可以凭耳朵的听觉而理解声音），缘目而知形可也，然而征知必将待天官之当簿其类然后可也（征知必须依靠感官和它们所能感知的一类事物相接触然后可以）。”（《正名》）这就是说，感官要和它们所能感知的一类事物发生接触才能有感知觉，而“心”才能凭此（征）而产生“知”。因此，“征知”就是在感知觉方面有凭据的“知”。这说明了“心”反过来也有赖于感觉器官，“心”的“知”有赖于感觉器官对事物的感知觉。这是又一个十分光辉的关于认识的唯物论论断。荀况还曾强调说明了“心”的主动性。他说：“心者，形之君也而神明之主也；出令耳无所受令。自禁（抑制）也，自使（使用）也；自夺也，自取也，自行也，自止也。故口可劫（强迫）而使墨（默）云（说），刑可劫而使诎申（屈伸），心不可劫而使易意（改变意向），是之则受，非之则辞。”（《解蔽》）指出“心”可以有很大的主动性，这也是荀况学说中很值得注意而予以特别表出的一点。但是，照原来的那样说，就把“心”的主动性说得成为绝对的了，像是“天马行空”了。这样也就有了大的片面性。“心”是可能有很大的主动性的，但也并不是绝对的。例如，“心”也有赖于感觉器官，人必须遵循事物的客观规律而思想而活动（荀况自己也指出了这一点），才能取得主动性。所以，“心”不能不也有被动的一面（接受客观事物规律的约束，尊重事实）。没有一定的被动，也就没有主动，单纯强调一面是不行的。因此，所谓“出令而无所受令”是谬误的说法，是属于唯心论的说法。不过，人的被动往往是出于主动的被动。这样，主动性就更强了。

七、对荀况的命名总规律“同则同之，异则异之”的评释[①]

命名或制名的问题也是心理学应该讨论到的一个问题。人们看到了一种陌生的东西，总倾向于给它一个名称。一个人向另一个人讲到某种事物时，必须用一个名称来表达他指的是什么。不同的人对同样的东西会采用不同的名称。但人们给事物命名并不是随便的，是有一定的规律，是根据他们的认识如何而定的。所以在基本上这是一个心理学的问题。荀况也注意到了命名的问题，并作了较详细的阐述。他主要是从人们在社会中相互联系、交流意见的角度来分析这个问题的。他指出命名的总规律（“制名之枢要”）是“同则同之，异则异之”（《正名》）。在他看来，命名的基本根据在于“同”和“异”的辨别或认识。对外界事物的同异辨别的器官是眼、耳、口、鼻、身的“天官”。对内部情况的同异辨别的器官是“心”这个“天君”（《正名》）。（这种说法稍有问题，这里且不深究。）在一般情况下，人们对于一种没有见过或听说

① 本文出自《中国古代心理学思想研究》（江西人民出版社，1983年2月第1版，第70页）之《关于荀况心理学思想的研究札记》（十二）。题目采用《潘菽全集》（人民教育出版社2007年版）收入此文时所加题名。

过的东西的命名，总不外乎一方面指出它和另一种东西的相同之处（虽然这种相同往往是表面上的），而另一方面又指出相异之处（虽然这种相异之处一般只是最明显的，但不一定是本质的）。所以，荀况指出的这个总规律基本上是对的，是从广泛的实际观察得来的（虽然不是没有例外）。荀况在指出这个基本规律后继续进行解释说："单足以喻则单（单一名称足以说明时就用单一的名称，如称牛为"牛"，称马为"马"），单不足以喻则兼（兼是指包括同异两方面的名称，如"白马""水牛"）；单与兼无所相避（可以相容），则共（用共名，如白马和黑马可以总称为"马"）；虽共，不为害矣。知异实者之异名也，故使异实者莫不异名也（"异实者莫不异名"，其实有一定的限度），不可乱也，犹使异（应是"同"的传写之误）实者莫不同名也。故万物虽众，有时而欲遍举之，故谓之物。物也者，大共名也。推而共之，共则有（又）共，至于无共然后止。有时而欲偏（书本误作"徧"）举之，故谓之鸟兽，鸟兽也者，大别名也。推而别之，别则有别，至于无别然后止。"（《正名》）这是说，同实就要同名，异实就要异名，既同实又异实则用兼的名称，在概括几种事物的时候就用共名，单指某一种事物的时候就用别名，共名之上可以还有共名，直到没有可共为止。别名之下也同样可以还有别名，直到没有再可别为止。照这样说法，最大的共名应是“物”或“物质”或“宇宙”，最小的别名是单独个体的名称（专名）。其他的共名和别名都是相对的，即共名在另一方面就是别名，别名在另一方面就是共名。荀况在这里指出的命名的基本规律虽然还不很完备（因为还有例外），但已足以给研究命名问题的人提供一个很好的基础了。人们对事物的命名实际上也是反映客观事物的一种规律的。那就是，宇宙间一切事物彼此之间都有同的一面，又有异的一面，所以有最大的共名和最小的别名。荀况所说的“万物”是指万事万物，应该已是最大的共名，而不是还可以“推而共之”的大共名。如果这样说的话，那就是明白的唯物论了，因为最一般的客观事物就是物，也就是“物质”。荀况又提到命名的社会因素，说：“名无固宜，约之以命，约定俗成谓之宜，异于约则谓之不宜。名无固实，约之以命实，约定俗成谓之实名。”（《正名》）这就是说，名称没有固定的合适不合适，大家同意称说一个名称并且成了习俗，就叫作适宜。另一方面，名称也没有固定的实，大家同意把一个名称给予一种实并且成了习俗，那就叫作这种实的名称（如水牛和黄牛都叫作牛，其实它们是不同种的动物，但大家这样叫也就可以了）。这种说法当然是符合事实的。不过也不能说这样“约定俗成”的名就都没有问题，或者说“异于约则谓之不宜”。事实上名是有好不好的分别的。荀况自己也说：“名有固善，径易而不拂（明白易晓而没有冲突），谓之善名。”（《正名》）社会中流行的关于许多事物的通俗名称，固然都有它们的合理适用之处，但在科学上则往往还要另行考虑采用所谓学术名称。不过科学名称也同样是“同则同之，异则异之”，并且同样是“约定俗成”的，只是较好或更好的“同则同之，异则异之”和“约定俗成”就是。至于荀况进一步根据自己同名同实、异名异实、“不可乱也”的看法，去批评别人的“杀盗非杀人也”（墨翟），“山渊平”（惠施），“白马非马”（公孙龙）这类说法为“惑于用名以乱名”或“惑于用实以乱名”或“惑于用名以乱实”，那就显得未免对名和实及其关系采取了形而上学的死板观点，没有看到“同”和“异”都含有一定的相对性。

编者跋

潘菽先生（1897—1988）是我国近现代著名的心理学家、教育家和社会活动家，他作为我国现代心理学的奠基人之一，开创性地提出了发展中国心理学的四条主要途径：

第一，要坚持马克思主义哲学的指导，这是科学心理学的命根子；

第二，要密切结合中国社会主义建设的实际，以求能为此更好地服务；

第三，要有分辨地继承中国古代可贵的心理学思想，以发扬国光，古为今用；

第四，要有批判地吸收外国心理学中一切有价值的东西，博采众长，洋为中用。

时至今日，实践证明，他提出来的这四点主张是非常正确的，也是非常重要的。

具体在中国古代心理学方面，他提出了中国古代心理学思想的七大范畴：

1.人贵论；2.形神论；3.天人论；4.性习论；5.知行论；6.情二端论；7.主客论。

2017年是潘菽先生诞辰120周年。我们在此之际选取潘菽先生关于中国古代心理学的数十篇文章，依其创立的七大范畴进行归类，编辑成书。如此，一方面是为了纪念他，激励后人学习他独立自主、精益求精的精神，早日建立有中国特色的科学心理学；另一方面，心理学作为最为贴近人们日常生活的科学之一，我们也希望能借此书，帮助国人从我国光辉灿烂的古代心理学思想中汲取到相应的营养。

本书的主体编排旨在能体现潘老提出的中国古代心理学思想“七大范畴”，所以，本书计划共分为八章。第一章是潘老对于中国古代心理学思想史的总体论述。其余七章分别是他所提出的以上七大范畴。

在按照此章节体系进行文章编排时，我们主要依据以下三个原则：

第一，有总述性质的，对本范畴内的整个中国心理学思想史进行论述的文章优先往前排；有分述性质的，对具体的某个人或某部经典等进行论述的往后排。

第二，若每一章里的总述文章或分述文章存在多篇时，依据其讨论对象（特别是人物或经典）的时间顺序进行编排（取自《关于荀况心理学思想的研究札记》的文章除外）；讨论对象没有明显时间顺序的，依其所摘录的《心理学简札》或《潘菽全集》中的编排次序来排序。

第三，对于《关于荀况心理学思想的研究札记》，由于这几乎是潘老唯一系统发表过的有关中国古代心理学思想的文章（发表于潘菽和高觉敷主编的《中国古代心理学思想研究》），也有一定的体系性，因此一度想单独列为一章。但为避免破坏本书的整体性，且其本身是分为15个小节的札记，各小节之间也没有特别紧密的联系，故仍依其讨论的具体范畴而将其分属各个章节中。不过，为方便大家阅读，统一置于各章节的最后。

此外，本书各篇文章的题目一律使用《心理学简札》和《潘菽全集》中所编列的题目，这些题目都是《心理学简札》或《潘菽全集》的编者为每条札记所选择或提炼出的可以代表其主要内容的一句话，可以最精准地概括本条札记中潘菽先生的见解。

本书由北京国学教育出版中心组织编写。在中国科学院心理研究所副研究员潘垚天先生的帮助下，我们邀请李令节、杨鑫辉、汪凤炎等多名中国心理学界著名学者亲自审读把关，确保本书内容翔实。鉴于时间有限，本书可能难免存在一些不足之处，欢迎各位读者提出宝贵的意见，我们将在今后的修订中不断提高本书质量。

最后，衷心感谢本书编委会全体成员为本书的出版付出了辛勤的汗水。

附：

《中国古代心理学思想》编委会（以姓名笔画为序）

乐国安　江政启　汪凤炎　李令节　张　侃

张　莉　张　莹　时　勘　杨鑫辉　崔欣鑫

傅小兰　鲁歌帆　潘垚天

国家新闻出版广电总局

首届向全国推荐中华优秀传统文化普及图书

大家小书书目

国学救亡讲演录	章太炎　著　蒙　木　编
门外文谈	鲁　迅　著
经典常谈	朱自清　著
语言与文化	罗常培　著
习坎庸言校正	罗　庸　著　杜志勇　校注
鸭池十讲（增订本）	罗　庸　著　杜志勇　编订
古代汉语常识	王　力　著
国学概论新编	谭正璧　编著
文言尺牍入门	谭正璧　著
日用交谊尺牍	谭正璧　著
敦煌学概论	姜亮夫　著
训诂简论	陆宗达　著
金石丛话	施蛰存　著
常识	周有光　著　叶　芳　编
文言津逮	张中行　著
经学常谈	屈守元　著
国学讲演录	程应镠　著
英语学习	李赋宁　著
中国字典史略	刘叶秋　著
语文修养	刘叶秋　著
笔祸史谈丛	黄　裳　著
古典目录学浅说	来新夏　著
闲谈写对联	白化文　著
汉字知识	郭锡良　著
怎样使用标点符号（增订本）	苏培成　著
汉字构型学讲座	王　宁　著

诗境浅说	俞陛云　著
唐五代词境浅说	俞陛云　著
北宋词境浅说	俞陛云　著
南宋词境浅说	俞陛云　著
人间词话新注	王国维　著　滕咸惠　校注
苏辛词说	顾　随　著　陈　均　校
诗论	朱光潜　著
唐五代两宋词史稿	郑振铎　著
唐诗杂论	闻一多　著
诗词格律概要	王　力　著
唐宋词欣赏	夏承焘　著
槐屋古诗说	俞平伯　著
词学十讲	龙榆生　著
词曲概论	龙榆生　著
唐宋词格律	龙榆生　著
楚辞讲录	姜亮夫　著
读词偶记	詹安泰　著
中国古典诗歌讲稿	浦江清　著 浦汉明　彭书麟　整理
唐人绝句启蒙	李霁野　著
唐宋词启蒙	李霁野　著
唐诗研究	胡云翼　著
风诗心赏	萧涤非　著　萧光乾　萧海川　编
人民诗人杜甫	萧涤非　著　萧光乾　萧海川　编
唐宋词概说	吴世昌　著
宋词赏析	沈祖棻　著
唐人七绝诗浅释	沈祖棻　著
道教徒的诗人李白及其痛苦	李长之　著
英美现代诗谈	王佐良　著　董伯韬　编
闲坐说诗经	金性尧　著
陶渊明批评	萧望卿　著

古典诗文述略	吴小如　著
诗的魅力 ——郑敏谈外国诗歌	郑　敏　著
新诗与传统	郑　敏　著
一诗一世界	邵燕祥　著
舒芜说诗	舒　芜　著
名篇词例选说	叶嘉莹　著
汉魏六朝诗简说	王运熙　著　董伯韬　编
唐诗纵横谈	周勋初　著
楚辞讲座	汤炳正　著 汤序波　汤文瑞　整理
好诗不厌百回读	袁行霈　著
山水有清音 ——古代山水田园诗鉴要	葛晓音　著
红楼梦考证	胡　适　著
《水浒传》考证	胡　适　著
《水浒传》与中国社会	萨孟武　著
《西游记》与中国古代政治	萨孟武　著
《红楼梦》与中国旧家庭	萨孟武　著
《金瓶梅》人物	孟　超　著　张光宇　绘
水泊梁山英雄谱	孟　超　著　张光宇　绘
水浒五论	聂绀弩　著
《三国演义》试论	董每戡　著
《红楼梦》的艺术生命	吴组缃　著　刘勇强　编
《红楼梦》探源	吴世昌　著
《西游记》漫话	林　庚　著
史诗《红楼梦》	何其芳　著 王叔晖　图　蒙　木　编
细说红楼	周绍良　著
红楼小讲	周汝昌　著　周伦玲　整理

曹雪芹的故事	周汝昌　著　周伦玲　整理
古典小说漫稿	吴小如　著
三生石上旧精魂 ——中国古代小说与宗教	白化文　著
《金瓶梅》十二讲	宁宗一　著
中国古典小说十五讲	宁宗一　著
古体小说论要	程毅中　著
近体小说论要	程毅中　著
《聊斋志异》面面观	马振方　著
《儒林外史》简说	何满子　著

我的杂学	周作人　著　张丽华　编
写作常谈	叶圣陶　著
中国骈文概论	瞿兑之　著
谈修养	朱光潜　著
给青年的十二封信	朱光潜　著
论雅俗共赏	朱自清　著
文学概论讲义	老　舍　著
中国文学史导论	罗　庸　著　杜志勇　辑校
给少男少女	李霁野　著
古典文学略述	王季思　著　王兆凯　编
古典戏曲略说	王季思　著　王兆凯　编
鲁迅批判	李长之　著
唐代进士行卷与文学	程千帆　著
说八股	启　功　张中行　金克木　著
译余偶拾	杨宪益　著
文学漫识	杨宪益　著
三国谈心录	金性尧　著
夜阑话韩柳	金性尧　著
漫谈西方文学	李赋宁　著
历代笔记概述	刘叶秋　著

周作人概观	舒　芜　著
古代文学入门	王运熙　著　董伯韬　编
有琴一张	资中筠　著
中国文化与世界文化	乐黛云　著
新文学小讲	严家炎　著
回归，还是出发	高尔泰　著
文学的阅读	洪子诚　著
中国文学1949—1989	洪子诚　著
鲁迅作品细读	钱理群　著
中国戏曲	么书仪　著
元曲十题	么书仪　著
唐宋八大家 ——古代散文的典范	葛晓音　选译
辛亥革命亲历记	吴玉章　著
中国历史讲话	熊十力　著
中国史学入门	顾颉刚　著　何启君　整理
秦汉的方士与儒生	顾颉刚　著
三国史话	吕思勉　著
史学要论	李大钊　著
中国近代史	蒋廷黻　著
民族与古代中国史	傅斯年　著
五谷史话	万国鼎　著　徐定懿　编
民族文话	郑振铎　著
史料与史学	翦伯赞　著
秦汉史九讲	翦伯赞　著
唐代社会概略	黄现璠　著
清史简述	郑天挺　著
两汉社会生活概述	谢国桢　著
中国文化与中国的兵	雷海宗　著
元史讲座	韩儒林　著

魏晋南北朝史稿	贺昌群　著
汉唐精神	贺昌群　著
海上丝路与文化交流	常任侠　著
中国史纲	张荫麟　著
两宋史纲	张荫麟　著
北宋政治改革家王安石	邓广铭　著
从紫禁城到故宫 ——营建、艺术、史事	单士元　著
春秋史	童书业　著
明史简述	吴　晗　著
朱元璋传	吴　晗　著
明朝开国史	吴　晗　著
旧史新谈	吴　晗　著　习　之　编
史学遗产六讲	白寿彝　著
先秦思想讲话	杨向奎　著
司马迁之人格与风格	李长之　著
历史人物	郭沫若　著
屈原研究（增订本）	郭沫若　著
考古寻根记	苏秉琦　著
舆地勾稽六十年	谭其骧　著
魏晋南北朝隋唐史	唐长孺　著
秦汉史略	何兹全　著
魏晋南北朝史略	何兹全　著
司马迁	季镇淮　著
唐王朝的崛起与兴盛	汪　篯　著
南北朝史话	程应镠　著
二千年间	胡　绳　著
论三国人物	方诗铭　著
辽代史话	陈　述　著
考古发现与中西文化交流	宿　白　著
清史三百年	戴　逸　著

清史寻踪	戴　逸　著
走出中国近代史	章开沅　著
中国古代政治文明讲略	张传玺　著
艺术、神话与祭祀	张光直　著 刘　静　乌鲁木加甫　译
中国古代衣食住行	许嘉璐　著
辽夏金元小史	邱树森　著
中国古代史学十讲	瞿林东　著
历代官制概述	瞿宣颖　著
宾虹论画	黄宾虹　著
中国绘画史	陈师曾　著
和青年朋友谈书法	沈尹默　著
中国画法研究	吕凤子　著
桥梁史话	茅以升　著
中国戏剧史讲座	周贻白　著
中国戏剧简史	董每戡　著
西洋戏剧简史	董每戡　著
俞平伯说昆曲	俞平伯　著　陈　均　编
新建筑与流派	童　寯　著
论园	童　寯　著
拙匠随笔	梁思成　著　林　洙　编
中国建筑艺术	梁思成　著　林　洙　编
沈从文讲文物	沈从文　著　王　风　编
中国画的艺术	徐悲鸿　著　马小起　编
中国绘画史纲	傅抱石　著
龙坡谈艺	台静农　著
中国舞蹈史话	常任侠　著
中国美术史谈	常任侠　著
说书与戏曲	金受申　著
世界美术名作二十讲	傅　雷　著

中国画论体系及其批评	李长之 著
金石书画漫谈	启 功 著 赵仁珪 编
吞山怀谷 ——中国山水园林艺术	汪菊渊 著
故宫探微	朱家溍 著
中国古代音乐与舞蹈	阴法鲁 著 刘玉才 编
梓翁说园	陈从周 著
旧戏新谈	黄 裳 著
民间年画十讲	王树村 著 姜彦文 编
民间美术与民俗	王树村 著 姜彦文 编
长城史话	罗哲文 著
天工人巧 ——中国古园林六讲	罗哲文 著
现代建筑奠基人	罗小未 著
世界桥梁趣谈	唐寰澄 著
如何欣赏一座桥	唐寰澄 著
桥梁的故事	唐寰澄 著
园林的意境	周维权 著
万方安和 ——皇家园林的故事	周维权 著
乡土漫谈	陈志华 著
现代建筑的故事	吴焕加 著
中国古代建筑概说	傅熹年 著
简易哲学纲要	蔡元培 著
大学教育	蔡元培 著 北大元培学院 编
老子、孔子、墨子及其学派	梁启超 著
春秋战国思想史话	嵇文甫 著
晚明思想史论	嵇文甫 著
新人生论	冯友兰 著

中国哲学与未来世界哲学	冯友兰　著
谈美	朱光潜　著
谈美书简	朱光潜　著
中国古代心理学思想	潘　菽　著
新人生观	罗家伦　著
佛教基本知识	周叔迦　著
儒学述要	罗　庸　著　杜志勇　辑校
老子其人其书及其学派	詹剑峰　著
周易简要	李镜池　著　李铭建　编
希腊漫话	罗念生　著
佛教常识答问	赵朴初　著
维也纳学派哲学	洪　谦　著
大一统与儒家思想	杨向奎　著
孔子的故事	李长之　著
西洋哲学史	李长之　著
哲学讲话	艾思奇　著
中国文化六讲	何兹全　著
墨子与墨家	任继愈　著
中华慧命续千年	萧萐父　著
儒学十讲	汤一介　著
汉化佛教与佛寺	白化文　著
传统文化六讲	金开诚　著　金舒年　徐令缘　编
美是自由的象征	高尔泰　著
艺术的觉醒	高尔泰　著
中华文化片论	冯天瑜　著
儒者的智慧	郭齐勇　著
中国政治思想史	吕思勉　著
市政制度	张慰慈　著
政治学大纲	张慰慈　著
民俗与迷信	江绍原　著　陈泳超　整理

政治的学问	钱端升　著　钱元强　编
从古典经济学派到马克思	陈岱孙　著
乡土中国	费孝通　著
社会调查自白	费孝通　著
怎样做好律师	张思之　著　孙国栋　编
中西之交	陈乐民　著
律师与法治	江　平　著　孙国栋　编
中华法文化史镜鉴	张晋藩　著
新闻艺术（增订本）	徐铸成　著
经济学常识	吴敬琏　著　马国川　编
中国化学史稿	张子高　编著
中国机械工程发明史	刘仙洲　著
天道与人文	竺可桢　著　施爱东　编
中国医学史略	范行准　著
优选法与统筹法平话	华罗庚　著
数学知识竞赛五讲	华罗庚　著
中国历史上的科学发明（插图本）	钱伟长　著

出版说明

“大家小书”多是一代大家的经典著作，在还属于手抄的著述年代里，每个字都是经过作者精琢细磨之后所拣选的。为尊重作者写作习惯和遣词风格、尊重语言文字自身发展流变的规律，为读者提供一个可靠的版本，“大家小书”对于已经经典化的作品不进行现代汉语的规范化处理。

提请读者特别注意。

北京出版社